ちょっと待ってケナフ！
これでいいのビオトープ？

よりよい総合的な学習、体験活動をめざして

上赤博文

地人書館

環境にやさしい行為とは?

九州大学大学院理学研究院教授　矢原徹一

『3年B組金八先生スペシャル』のドラマ中で、先生と生徒がこんな会話をしていました。

「みんな、ケナフって、知ってるか?」

「知ってる、知ってる、環境にやさしい植物でしょ」

「おお、よく知ってるな。じゃあ、今日は環境についての学習だ」

会話の内容はこれだけで、ケナフがどんな植物か、なぜ環境にやさしいかについてはまったく説明がありませんでした。人気の高いドラマなので、このドラマを見て「ケナフは環境にやさしい、良い植物なのだ」と思ってしまった人も多いでしょうね。金八先生スペシャルに登場するくらい、ケナフは「環境にやさしい植物」として有名になってしまいました。各地で、ケナフを植えるイベントが実施されています。交通が不便な場所に植物の調査に出かけたところ、道路に沿ってケナフが植えられ、「環境にやさしいケナフ」という看板が立っていて、驚いたことがあります。


でも、よく考えてみましょう。「環境にやさしい」って、いったいどういうことなのでしょうか。ケナフの場合、二酸化炭素をよく吸収することが、「環境にやさしい」理由にあげられています。でも、植物はみな、二酸化炭素を吸収するのです。植物が成長するということは、二酸化炭素が炭水化物に変わるということです。この点では、植物はみんな、環境にやさしいのです。

確かに、ケナフは一年間で身の丈より高く育つので、イネに比べればよりたくさんの二酸化炭素を炭水化物に変えます。でも、同じくらいの高さに育つヒマワリと比べて、特別に優秀な点はありません。問題なのは、ケナフは一年草なので、秋には枯れるということです。植物が枯れるということは、炭水化物が二酸化炭素に戻っていくということです。ケナフがいかに大きく育ったところで、二酸化炭素を炭水化物として貯えてくれる役割は、夏の間だけなのです。それに比べて、大きく育つ樹木は、たくさんの二酸化炭素を炭水化物として貯えてくれます。地球温暖化の原因物質である二酸化炭素を減らすには、ケナフを植えるよりも、森を育てるほうが、ずっと効果的なのです。

もともと、ケナフは樹木に変わる製紙原料として注目されました。ケナフを畑でつくり、そこから紙をつくることで、森林の伐採量を減らすことができれば、確かにそれは環境にやさしい行為だと言えるでしょう。でも、樹木が育つ道路沿いなどにケナフを植えるのは、残念ながら環境にやさしい行為とは言えませんね。常緑の街路樹を植えたほうが、冬にも二酸化炭素を炭水化物として貯え続けてくれるので、より好ましいのです。

このような見方について、やさしく解説した本が必要だと日頃から感じていたところ、上赤さんからすばらしい原稿を送っていただきました。その原稿に、私からほんの少しコメントをさせていただいて、できあがったのがこの本です。私は上赤さんの原稿を読んで、本書の内容をできるだけ冷静に読者に受け取ってもらえるように、表現にアドバイスをさせていただきました。

ケナフに関して私が困惑しているのは、冷静な説明をしても、ケナフの普及に熱心な方々が、時として感情的に反発されることです。これまで、環境にやさしい行為だと思って、一生懸命やってきたことを、「環境にやさしくない」と言われるのは、きっと不愉快なことに違いありません。でもどうか、本書を冷静に読んで、考えていただきたいと思います。環境をより良くしていくために望ましい方法は、都会のまん中か、森がある場所かで違います。水辺か乾燥した場所かによっても違います。外来の植物ばかりの場所か、自生の植物が生えている場所かによっても違います。本書を冷静に読めば、どんなときに、どのような方法が望ましいかを考える手がかりが得られるでしょう。

学校教育の中でケナフを教材にして、植物が二酸化炭素を吸収することを教えるのはかまわないと思います。ケナフのめざましい成長力は、植物の能力に対する大きな感動を子供たちに与えてくれるでしょう。でも、そのときに、ケナフが一年で枯れることもきちんと教え、森の役割がケナフよりずっと大きいことをきちんと教えることが大切です。また、できればケナフと同時に別の植物を育てて、種が違えば別の役割を果たしてくれることを教えてほしいなと思います。たとえばマメ科の植物を育てて、マメ科植物が根粒をつくって窒素を気体から固体に変える役割をしていることを教えれば、ケナフだけで地球環境が成り立つわけではないことを、子供たちに実感してもらえるでしょう。ケナフだけで地球環境を救うことはできません。生物の世界は多様な種によって成り立っていて、その多様性を守ることが大切なのです。そのことを考えれば、ケナフという植物だけを増やすことの誤りが、理解されるのではないでしょうか。

同じことは、たとえばホタルやメダカを守るとりくみにもあてはまります。ホタルを増やすことばかりに気をとられて、他の生物を絶滅させてしまっては、環境にやさしい行為とは言えませんね。また、ゲンジボタルにせよ、メダカにせよ、多数の地方型に分かれていることが知られています。一口にメダカといっても、たとえば新潟のメダカと東京のメダカの間には、別種にしてよいくらいの大きな違いがあるのです。善意から、ゲンジボタルやメダカを全国各地に送って放流に協力している人がいますが、このような行為は、その土地本来のゲンジボタルやメダカを絶滅させる危険をともなっています。これも、環境にやさしい行為とは言えません。同じ地域に暮らす生物の多様性とともに、違った土地で暮らす生物の多様性も、大切にまもっていく必要があります。

最近では、多様な生物が暮らせる環境を復元しようという試みも増えてきました。ビオトープづくりもその一つです。しかしここでも、どのような場所に、どのようなビオトープをつくれば、本当に環境にやさしい行為と言えるのか、冷静に、よく考えてみる必要があります。さまざまな生物が暮らしている小川やため池を改修して、ビオトープをつくることは、環境にやさしい行為と言えるでしょうか。ビオトープをつくるときに、もともと生息していた生物を絶滅させてしまえば、それは環境をこわす行為です。自然が残っている場所にビオトープをつくるときには、そこにもともと暮らしている生物をよく調べて、それらの生物がもっと暮らしやすい環境を整えることが大切です。

本書は、ケナフの植栽やビオトープづくりに代表される、善意にもとづく活動の行き過ぎについて注意を促し、何が本当に環境にやさしい行為なのかについて、わかりやすく解説した本です。本書がひとりでも多くの人に読まれ、環境を改善していくための冷静なとりくみが広がっていくことを、心から期待しています。

目次

本文イラスト／トミタ・イチロー

序章

ちょっと待ってケナフ！ これでいいのビオトープ？

「○○小学校では春から栽培していたケナフを収穫し、卒業証書にするための紙すきを体験しました。……ケナフは大量の二酸化炭素を吸収し、地球温暖化対策に貢献すると注目されている環境に優しい植物です」

最近よく見かける新聞記事です。環境に対する人々の関心は年々高まっており、「ケナフ」は環境問題を軸に地域おこしを考えている市民団体や、学校教育の中で急速に広がりつつあります。この本を手に取ってくださった方々も環境問題に関心が高く、ケナフのことをご存じかと思います。

私が初めてケナフを知ったのは今から七年前でした。理科教材を扱う業者から、「これから環境教育などで注目される植物になりますよ」と渡されたものでした。当時はまだほとんど知名度もなく、私も単に巨大になる栽培植物だな、と思っただけでした。私は高等学校の理科（生物）教師ですが、関心は野生植物に向いていたので、このときは聞き流していました。

一九九七年四月より教育センターという職場に移り、現在に至っています。教育センターでは、主に生物教育と環境教育を担当し、小・中学校の理科教育のお手伝いもしています。

小・中学校の先生から、これまで以上に様々な情報を得ることができるようになり、「ケナフ」が急速に学校教育の現場に広がりつつあることを知りました。特に「総合的な学習の時間」で、多様な体験学習ができる教材として注目されているようです。また、インターネットを通じて、「ケナフ」を軸とした市民活動(地域おこしグループ)の様子も知ることができました。

それまでは単なる栽培植物の一つという認識でしたが、畑地や学校園だけでなく河川敷や道路沿いなどにも無秩序に植えられている現状がわかり、困った植物になりそうだなと感じ始めていました。

そして、一九九九年十二月に大阪市立大学大学院生の畠佐代子さんが立ち上げたホームページ「け・ke・ケ・KE・ケナフ?」に接したことで、問題意識がさらに高まりました。

ケナフには「環境保全植物」のキャッチフレーズがつけられているのをよく見ます。「二酸化炭素を多量に吸収し、地球温暖化対策に役立つ」「良質の紙ができ森林保護に役立つ」「土壌改良効果がある」「水質の改善に役立つ」などがその根拠として挙げられています。

一方、懐疑派からは「野生化して生態系を撹乱する危険性がある」「地球温暖化対策にはならず、森林保護にも余り役立たない」の指摘があります。

最近、ケナフ以外でも、学校教育や市民活動の中に、「ちょっと待ってよ」と言いたい事例にたくさん接します。例えば、ホタル、メダカ、コイの放流や、水上ガーデニングなどです。

全国には「○○保存会」とか「××健全育成協議会」といった団体が、おそらく数千単位であると思われます。これらの団体のいくつかは、ホタルやメダカ、コイなどの放流を、自然体験活動を支援する目的で、小学生や園児といっしょに行っています。また、自然の水辺を園芸植物や観賞植物で飾ったり、水質浄化や景観向上を目的に、植物をいかだにセットして公園の水辺に浮かべるガーデニングが広がっています。これらは、ほほえましい光景として、あるいは自然に優しい善意の行為として、テレビや新聞でしばしば取り上げられています。

これらの行為が、生物や生態系という視点から考えると自然破壊や環境破壊をしていることになると聞いたら、どう感じるでしょうか？

もっと具体的に言うと、遺伝子の撹乱です。最近の遺伝子レベルの研究により、同じ種であっても地域ごとに遺伝子に違いがあって、ゲンジボタルは六種類、メダカは一〇種類（または一一種類）のタイプがあることがわかっています。もし、あるタイプの集団が生息している地域に、別のタイプの個体を放流すると、交雑が起こり、その土地独特の遺伝子が失われます。

これは少し難しく言うと、生物多様性を低下させる行為となります。減少傾向にある日本の生物を増やして放流することは、自然に優しい行為と思われがちですが、科学的に考えると自然破壊につながってしまう場合があるのです。

これらと類似した行為が、学校教育の中で、学校が主体となって行われている場合があります。「学校ビオトープ」と呼ばれる活動です。もちろんすべてではありませんが、「ちょっと待って！」と言いたくなるような実践が近年増えてきています。

「ビオトープ」という言葉を聞いたことがありますか。本来の意味は「生き物が生活する場所」ですが、一般には、人間の手によって都市化され失われた地域の自然を、本来あるべき状態に復元することを目的としてつくられた構造物をさしているようです。「学校ビオトープ」は、学校の中にそのような構造物をつくり、体験活動に活用します。質の高い自然体験学習ができる教材として、たいへん注目されています。

「ビオトープ」は基本構造だけをつくり、生き物がそこにやってくるのを待つのが基本的なスタンスですが、「学校ビオトープ」はすぐに何らかの教育効果が求められるため、いろいろな生き物が導入されることがしばしばあります。そのとき、自分の力で移動できる範囲内の生き物を利用していれば、それほど問題視しなくてよいのですが、現実には広範囲に移動させたり、場合によっては教材セットとして市場に出回っている実態が指摘されています。

「学校ビオトープ」は、アサガオやヒマワリ、ウサギなどを用いた従来の栽培や飼育から一歩踏み込み、カエルやメダカ、フナ、トンボなど、野生生物を使った体験活動です。これが様々な生物学的問題を引き起こし、自然生態系を狂わせる状況を生じさせるのです。

私は公には高等学校の教員であり、個人的にはライフワークとして、地域の植物相を調査・研究しています。たまたま教育センターという職場に赴任したことから、それまでほとんど縁がなかった小・中学校の情報も入るようになりました。教育現場の視点と自然生態系の視点が自分の中で複雑にリンクしており、学校教育がもたらす自然破壊について心が痛むようになっていました。そのことが、今回このような本を書くことになった背景にあります。

学校は今、「校内暴力」「学級崩壊」「いじめ」「不登校」など深刻な問題を抱えています。文部科学省は、よりよい方向へ改善するための一方策として、新学習指導要領において「心の教育」を示しています。それは「生きる力」を育むことであり、その対応策の一つとして「総合的な学習の時間」が創設されました。特に、体験活動の充実がうたわれています。

子どもたちの「心の未熟」「心の荒れ」の原因として、自然体験の不足が以前から指摘されていますが、学校内で活動できる自然体験教材として「ケナフ」や「学校ビオトープ」などが注目され、特にここ数年急激に広まりつつあります。いずれも科学的な知識と理解があって実践されれば優れた教材となりますが、現状を見ると間違った方向でマニュアル化したものが伝えられ、それが学校の事情で勝手な方向に修正されてそれがまた伝わるという、困った状況が生まれつつあります。そして、二〇〇〇年から全国的に試行されている「総合的な学習の時間」を軸に、その危険が広がろうとしています。

この本の半分は、ケナフとはどんな植物であるのか、何が問題なのかを科学的に考察し、さらにケナフを活用する際には何に注意したらよいかを論ずることを目的としています。ケナフ推進派の本がすでに何冊か出ていますが、それらを読むと、ケナフはよいことずくめの魔法の植物のように書いてあります。しかし、実際の自然界のバランスを考えると、一種類の植物が特別に重要な働きをすることはあり得ません。逆に一種類の植物が抜けることで、あるいは加わることで、全体のバランスが壊れ、たいへんな事態になる例はいくつも知られています。

そこで本書では、推進派の本とは違った立場から、今までの議論を元にケナフの功罪について科学的に検討していきます。多様な体験活動ができるなど、ケナフにもいいところがたくさんあります。単なる批判にとどまらず、どうすればケナフの特性を生かせるのかを私なりに考えてみました。

もう半分は、ケナフと同様に学校や市民活動で広がりつつあるビオトープや放流行為について論じます。いずれも生き物を扱う活動ですが、生物学で議論されている各種の問題点についてほとんど配慮されていません。生態学や自然保護の視点から、すなわちそこで生活している野生生物を考えると、やってはいけないことがいくつもあります。当然、そのような専門知識がある人は限られていますので、問題点に気づいていない場合が多いようです。

生き物、特に野生生物を扱う場合には、生物学的に指摘されている「ルール」を理解する必要があります。栽培植物や飼育動物と、野生生物は同じではない、野生生物を扱う場合にはそれなりのルールがある、これが私の考えですが、本書の後半では、野生生物を活用する場合の留意点を、生物多様性の視点から掘り下げるつもりです。

また、ケナフの問題もビオトープ（ホタルやコイの放流などを含む）の問題も、「移入種問題」としてくくることができます。移入種の中でも「外来種」問題は古くから指摘されており、多くの本が出ていますが、動物愛護、法律など社会的にも重要な根深い問題ですから、生物多様性の危機と絡めてこの問題にも触れてみたいと思います。

本書は学校の先生を意識したものですが、環境保全や自然体験活動を行っているNPOやNGOの方たちにもぜひ、知っていただきたい内容です。学問的に言うと「保全生態学」「生物の多様性」「外来種」「移入種」等に関する問題です。専門的に議論した本はすでに何冊も出版されていますが、それらは一般の人に読みやすい本ではありませんでした。専門外の人が読んでわかりやすく、興味を引く内容にしたいと意識して書き下ろしたつもりです。

「知らなかったから」ではすまされない深刻な状況が生き物の世界で進みつつあることを知ってほしい、子どもたちの「心の教育」に貢献する教材が、自然にとっても優しい存在になってほしい、こんな思いから、できる限りの資料収集と観察・実験、私の体験をもとに執筆しました。本書をきっかけに、総合的学習や自然体験活動の見直しや議論が深まれば、こんなにうれしいことはありません。読者の皆さんのご意見がいただければ幸いです。

第1章

なぜケナフは注目されているの？

1　ケナフってどんな植物？

ケナフの種類

ケナフはアオイ科フヨウ属の一年草（熱帯では多年草になるという情報もあります）で、観賞用に植えられるフヨウやハイビスカスの仲間です。大輪の美しい花を咲かせますが、観賞用というよりは茎からとれる丈夫な繊維を目的に古くから栽培されてきました。

ケナフはペルシャ語で麻という意味ですし、中国ではケナフのことを洋麻といいます。週刊朝日百科『植物の世界』七五号（一九九五年）には、「茎からジュートに似た繊維がとれ、タイジュートとも呼ばれる。ロープや麻袋、網に利用され、最近では製紙原料としても利用されている。温帯から熱帯にかけて世界各地で栽培され、アフリカ原産といわれるが、はっきりしたことはわからない。」と記されています。

ケナフは、紙の原料として、最近話題になっていますが、南アジアや中近東では人とのつきあいは古く、六〇〇〇年も前から栽培され、布がつくられていました。ほかには油をとったり、家畜の餌や肥料としても利用していました。日本での栽培は一九五〇年代初め頃が最初と言われており、一九九〇年代になってから急速に広まりました。

花の色はふつう淡いクリーム色ですが、まれにピンク色（なぜかブルーケナフと名前が付いています）が出るようです。『広島発ケナフ辞典』（木崎秀樹 編）によると、「青皮三号」という品種で数万粒に一個体ほどブルーケナフが出現するようですから、突然変異と考えられます。

ケナフには北方系と南方系の種類があり、それぞれキューバケナフ（*Hibiscus cannabinus* L.）、タイケナフ（*H. Sabdariffa* L.）と呼ばれています。日本で栽培されているケナフはキューバケナフのほうで、茎や枝にとげがあるのが特徴です。主に中国と米国で栽培され、麻袋、魚を捕る網、ロープ、紙をつくるのに利用されています。

タイケナフは、タイ、インド等で栽培されている種類で、とげがないこと、茎が赤みを帯びることが特徴

ケナフ。佐賀県内のある企業の敷地内で栽培されていたもの

です。キューバケナフと同じ利用法があるほか、茎を絞るとジュースがとれ、発酵させるとローゼル酒になります。タイケナフは耐寒性が弱く、日本での栽培は難しいようです。キューバケナフは日本での栽培は可能ですが、種子はあまり採れないようで、採れても発芽率は低いようです。

ケナフの花

ケナフ栽培と成長

ケナフの栽培方法についてはいくつかの本にくわしく説明されていますので、ここではごく簡単にポイントだけを解説しておきます。

ケナフの種子をまくのは土壌の温度が二〇℃を超える頃、すなわち西日本では五月、東・北日本では六月が適期といわれています。ケナフ協議会の指導で、五月の母の日に西日本で、六月の父の日に東日本で、一斉にイベント的に種まきが行われています。その数は数百万本以上と考えられます。草丈が三～五メートルになりますので、根をしっかり張るためには直まきにし、植え替えはしないほうがいいようです。

条件がよければ、二～三日で子葉（双葉）が出てきます。約一カ月で二〇センチに成長しますが、難しいのはこの時期で、病気や害虫に注意が必要と栽培の解説書には書いてあります。しかし、筆者が栽培した経験では、特にこの時期難しいとは思いませんでした。この時期を過ぎるとあとは順調に成長し、二カ月で一メートル、三～四カ月で四メートルになり、花を咲かせます。花が咲いて約二カ月で種子を収穫することが

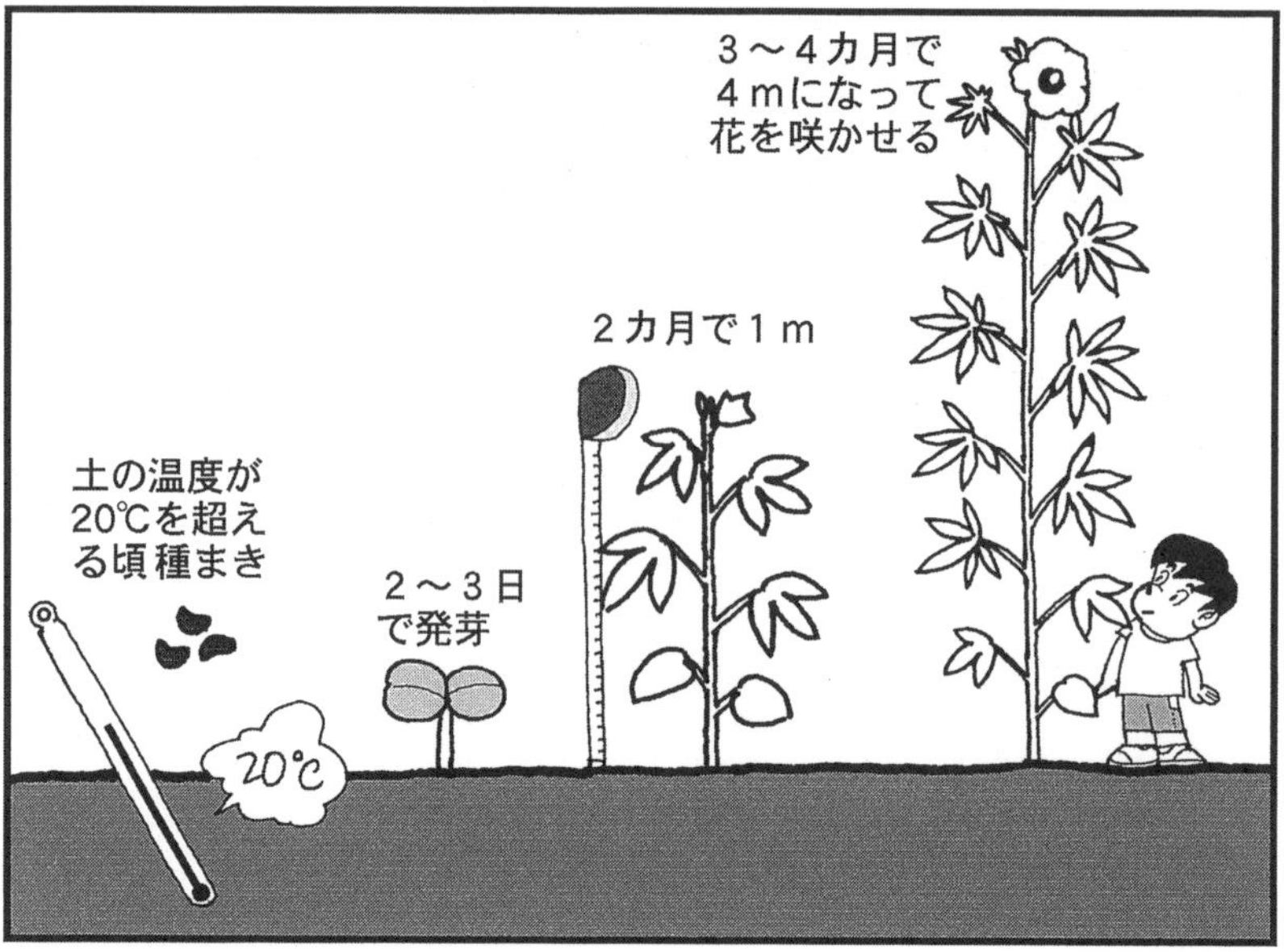

ケナフの成長の様子

できます。したがって、四月中旬に種子をまくことが可能な九州南部では、八月に花が咲き、十月には種子が採れるようです。

ケナフは酸性土壌を好み、四カ月で四～五メートルにも成長するため、肥料を大量に必要とします。また、台風等には倒れやすく弱いですから、根元に土を盛ったり、ケナフどうしが支え合うように、やや密植したほうがよいとされています。

2　ケナフを取りまく多様な話題

ケナフは一種類の植物としては極めて話題性に富んでいます。それを大きくまとめると、「環境保全植物」「様々な体験ができる」「学校教育での活用」の三点に集約されます。

特に教育の分野では、二〇〇二年より実施される「総合的な学習の時間」において、体験活動を軸とした多様な取り組みができる教材として注目されています。

加速度的にケナフのニュースが増えているのは、その話題性もさることながら、全国的に次々に組織されている各地の「ケナフの会」の影響も大きいと考えられます。

ケナフについては様々な利点があり、今後さらに多くの活用方法が開発されていくと考えられます。ここで、ケナフ推進派が述べているケナフの特徴、利点についてまとめておきます（一部疑問点もありますが、できるだけ推進派のことばに忠実に整理します）。

ケナフが地球を救う

ケナフの利点として最も強調されているのは、環境保全に役立つことです。ケナフの一年当たりの成長量はたいへん大きく、森林の二〜八倍です。その分二酸化炭素をたくさん吸収するので、地球規模の深刻な環境問題である「地球温暖化」対策に貢献できます。また、二酸化炭素の濃度に比例して成長するという実験室でのデータがあり、濃度を五倍にすると成長量も五倍になると言われています。

ケナフの皮（靭皮《じんぴ》）に含まれる繊維からは、上質の紙がつくられます。ケナフの栽培を増やすことで紙の原料である木材チップの輸入を減らすことができ、森林の伐採を減らすことができます。地球規模の環境問題としてしばしば取り上げられる熱帯林破壊の解決方法の一つになります。このようにして守られた森林は光合成により二酸化炭素を吸収するので、二重に地球温暖化に貢献できます。

また、ケナフはもともと水辺の植物ですから、水耕栽培にも適しており、水中のリンや窒素を盛んに吸収し水質浄化に役立ちます。同様に畑で栽培した場合、土壌保全にも役立ちます。

体験活動が子どもたちの心をいやす

教育問題は年々複雑・多様化し、子どもたちの心はますます見えにくくなっています。学校の中で不登校やいじめが顕在化し、学級崩壊という言葉も生まれ、子どもたちの心の荒れに先生たちは苦しんでいます。また、ここ一〜二年、少年による凶悪事件が続発（激増）しています。このような心の荒れ、あるいは心の未熟に対し、体験不足、特に自然体験の不足が指摘されています。

ケナフは様々な体験ができる植物として、たいへん注目されています。種まきから収穫までの栽培体験、挿し木による増殖、ケナフ料理（パン、クッキー、うどん、天ぷら）、紙すき、炭焼き、ケナフ染め、織物などです。

コンクリートのマンションの中で育ち、テレビやゲーム、パソコンに囲まれ、体験といえばバーチャルなものばかりの最近の子どもたちにとって、土いじりをしたり、紙や織物をつくったり、料理をすることは何よりの体験になります。

成長に伴い、単葉→３裂葉→５～７裂葉に。こうした変化も、体験活動における魅力の一つのようだ。

また、ケナフ栽培のサイクル（五～六月に種まきをし、十一月に収穫する、そして卒業生はすいた紙で卒業証書をつくる）が学校の教育活動のサイクルにぴったり合うことも、教材として導入された理由の一つです。前述のとおり、現在、全国の小・中・高等学校で試行されている「総合的な学習の時間」の絶好の教材として、急速に広まりつつある理由です。

ケナフを通じて環境意識が高まってきた

ケナフ栽培や商品開発など、ケナフを取り巻く利用の形態には大きく三つのタイプがあります。一つは「ケナフの会」を中心とする市民活動（地域おこし）、二つ目は学校における体験学習、環境教育、そして三つ目は企業による商品開発です。

「環境保全植物」「地球の救世主」などのキャッチフレーズのもと、ケナフを使った様々な商品が開発されています。ケナフ和紙（はがき、便箋、封筒、名刺）、ノート、レポート用紙、ティッシュペーパー、ウェッ

ケナフは万能、魔法の草？？？

トタオル、壁紙、ケナフ粘土、オイル吸着剤、育種マット、土壌改良材、活性炭、ケナフカーボン、ケナフボードなどのほか、外食産業が食品を包む紙や、テーブルの上に敷く紙にケナフ紙を利用しているものなどです。

今なお次々に新しい商品が開発されており、今後も多くの企業が新製品を発表していくと思われます。

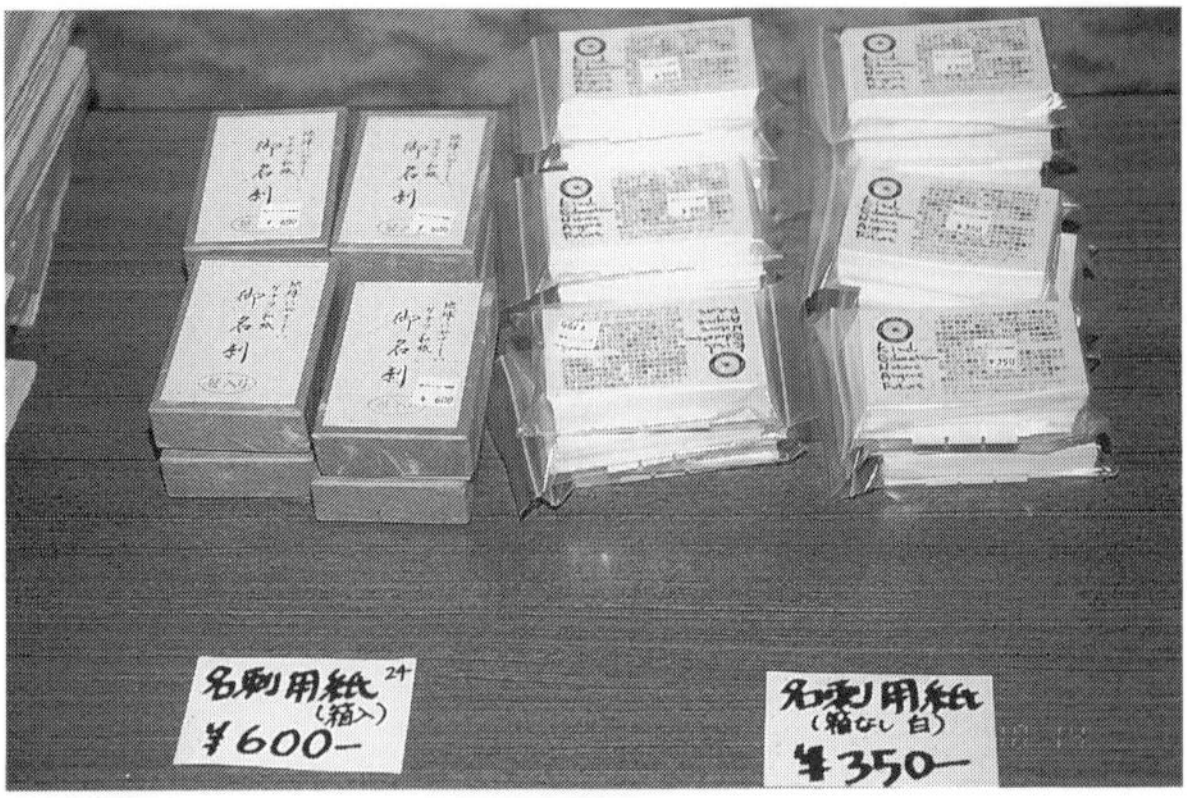

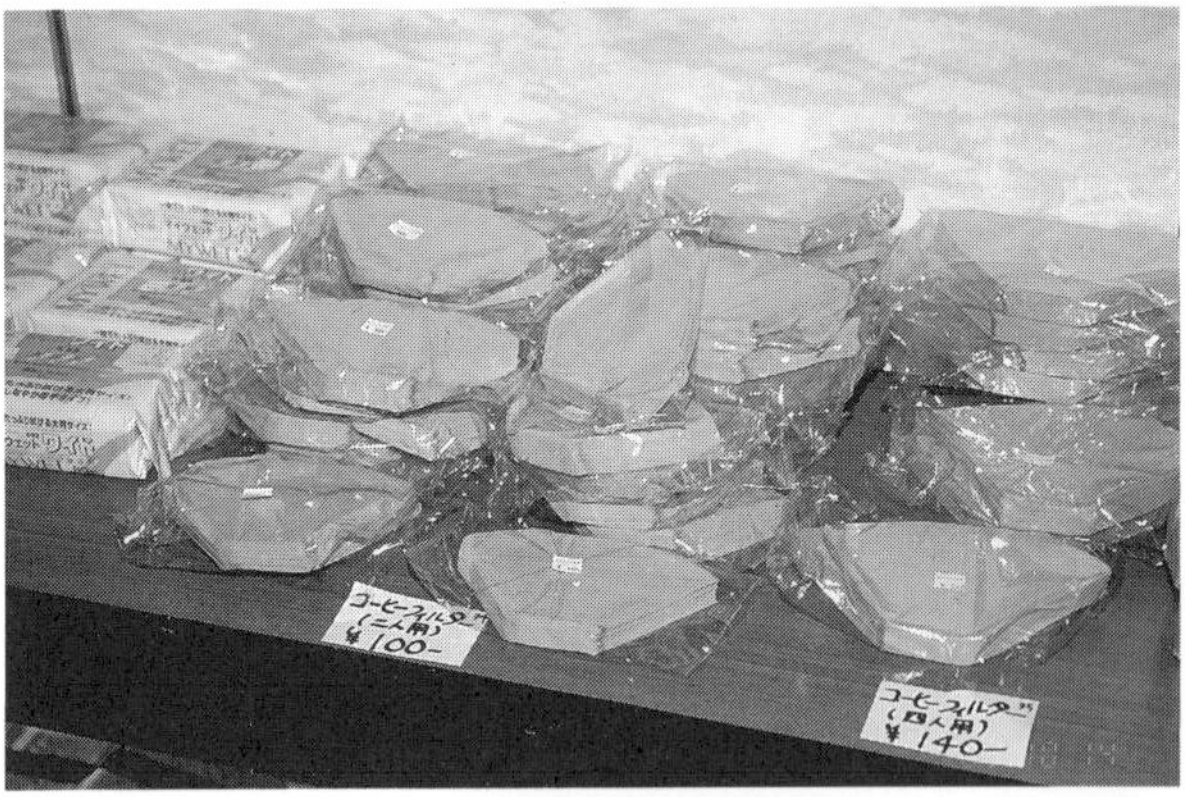

様々なケナフ商品。
上から、名刺、コーヒーフィルター、台所用水切り袋

第2章

広がるケナフの輪

1　新聞に掲載されたケナフニュース

ケナフはここ二～三年、新聞紙上をにぎわす頻度が飛躍的に高まっています。その具体的な例として筆者の地元の佐賀新聞に載せられた記事を拾ってみます。佐賀新聞が公開しているホームページから、一九九四年以降の記事がすべて検索できるようになっています。

全国ニュース

一九九六年十二月　四日：タスマニア島の森林破壊
一九九八年十二月十六日：ケナフの紹介記事
一九九九年　四月　三日：農林水産省関連記事
　　　　　　四月　八日：滋賀県での話題
二〇〇〇年　一月二九日：愛知県での話題
　　　　　　一月三十日：熊本県での話題
　　　　　　三月二二日：鹿児島県での話題
　　　　　　六月　四日：「植草祭」の話題

二〇〇一年　六月　五日：企業による商品開発記事

佐賀県ニュース

一九九八年十一月　八日：地域グループによる栽培

町の婦人学習グループが、「ケナフ」の栽培に取り組んでいる。環境問題への意識を高めるとともに、きれいな白い花を咲かせ、景観の向上にもつながっている。五月末、県道沿いに四十数本植えた。九月下旬からたくさんの白い花をつけている。今後、種を収穫し、来年は栽培面積を増やす方針。同町の地域おこしグループもケナフに注目し、十一月、先進的に取り組んでいるK県のグループを視察する。

一九九九年　七月　三日：企業での取り組み

Kホテルはケナフの苗を同ホテルの来場者や希望者にプレゼントしている。同ホテルの支配人は「ケナフを通して、利用客や地域の人々といっしょに環境を考えたい」と話している。

一九九九年　十月十四日：中学校での体験活動

中学三年生が栽培しているケナフの花が咲き始めた。ケナフで来春の卒業証書を作ることにしており、昔ながらの紙すき体験の準備を進めている。

一九九九年十一月　七日：地域フォーラム

市民フォーラムが十月二一日、佐賀市で開かれた。「未来の低平地居住環境の創造に向けて」をテーマに、四組が低平地のまちづくりについてリポート。中学生のYさんらは「環境問題に対処するため、ケナフ栽培を普及させよう」と提言した。

一九九九年十一月十八日：小学校での環境教育

今月十二日に小学校で「環境教育」研究発表会が開催された。五、六年生は海の漂着物を拾ったり、地球環境にやさしいケナフを育てたりといろいろな活動を実践している。

一九九九年十一月二一日：中学校での体験活動

一九九九年十一月二八日：小学校での体験活動、地域との連携

二〇〇〇年　一月十一日：イベントでの活用

村では新成人の代表が二十歳の誓いを述べた。会場には、「ケナフの会」がケナフ紙で作った三角柱の照明も置かれ、新成人の寄せ書きを明るく浮

2001.2.22(木) 毎日新聞

自分で育てたケナフの卒業証書

27　埼玉西　2000年（平成12年）9月4日（月曜日）

ひと交差点

2000年（平成12年）11月15日　水曜日　2版　16

地球救うか「植物頼み」

温暖化防止条約ハーグ会議スタート

ケナフよりCO2

森林守る木材

2000年（平成12年）11月16日（木曜日）　見る　乗る　試す　クルマ世界　毎

ファミリー・ミーティング

「ケナフ」という植物をご存じだろうか。紙の原料や布地などに使われ始めた。また地球温暖化の原因である二酸化炭素（CO_2）を通常の熱帯雨林の5～7倍も吸収する力を持っていることで最近とみに注目を集め始めた。が、このケナフが自動車の構成部品として使われ始めたことはあまり知られていないだろう。「ケナフとクルマ」……の新しい「関係」について調べてみた。（大澤　輝美）

クルマと地球環境

ケナフをクルマの部品として最初に使ったのはトヨタである。2㌧トラックのトヨエースの荷台の一部に使った。最近では新型カローラのパッケージトレーに使い、高級車セルシオのドアトリムにも使った。またダイムラークライスラーも新型Cクラスのヘッドレストやシートの内材に使ったという。

「クルマは地球環境と深くかかわっている。特にCO_2は重要な課題だ。それに取り組む姿勢としてケナフを研究し、素材に採用した」と両メーカーと

ケナフ材を使ったセルシオのドアトリム

プトのミイラを包んでいた布の材料にもなった。南アジアや中東では繊維は袋、魚網、綱、種子は搾って食用油や灯油を作り、搾りかすは家畜のえさや肥料に使われていた。

自動車部品にも「ケナフ」

も口をそろえた。

ケナフは西アフリカ原産のアオイ科の1年生植物。気温が20度になると発芽して、半年ほどで茎の高さが3～4㍍、根元の太さは3～5㌢にもなるほど成長が早い。栽培の歴史は紀元前4000年ごろからというほど古い。エジ

日本で栽培されるようになったのはつい最近のこと。きっかけを作ったのは神奈川大大学院理学研究科の金野徳明教授(69)である。同教授は9年間ケナフを研究栽培し、今年1月に「日本ケナフ開発機構」を設立、会長を務めている。同教授がケナフに関心を持ったきっかけは

「CO_2を吸収する植物には、寒冷であまり光が強くない条件で吸収するものと、強い光のなかで吸収を

捨てる所がない。茎や皮、根までもパルプになるし、葉や細い幹は飼料や肥料になる。根は炭にして利用できる。

またCO_2吸収能力が高いので地球温暖化を少しでも遅らせることにも貢献する。そ

ケナフの花が開いた

抗がん性物質の探索研究（ウミウシから抗がん剤を発見など）や薬用植物の体内から生体成分を抽出する生化学、薬物化学が専門だが、今はケナフに夢中である。日本ケナフ開発機構は4月21日にNPO（特定非営利活動法人）の認定も受けた。紙の原料となるパルプは森林伐採が大きな問題になっている。ケナフを使えば森林を伐採しないで済むし、薬品を使ったり漂白する必要もない。同機構ではその事業化も実現した。ケナフ原料のパルプはアレルギー障害の人たちにも優しいし、生活改善にもつながる。ケナフは

り取ってしまうので種が広がらない。雑草や農薬など化学物質に弱いなどの特徴があるので生態系を壊すことはほとんどないと思う」

国内にある自家用車4100万台の半数を廃車にすれば1997年の京都会議（COP3）の決議「温室効果ガスを90年レベルから6％減」の課題は達成できると言われる。でもそれは非現実的だが、世界の自動車メーカーは今必死にCO_2排出の少ないクルマの開発に取り組んでいる。

「自動車部品へのケナフ利用はその一環でもある。自動車部品に加工したケナフがC

育ち始めたケナフ

O_2を吸収するわけではないが成長の早いケナフを使えば森林の伐採も減らすことができ、大きな目で見ればCO_2削減に貢献することになるはず。部品への使い勝手で言えば熱の影響を受けやすいし繊維の粗さもあるので使いやすいわけではない。研究を重ねて品質、コストを向上させなければならない」。トヨタのフラッグシップカー「セルシオ」の開発責任者・田中泰チーフエンジニアは言う。

オランダ・ハーグでの温暖化防止会議も開かれている（24日まで）。クルマと地球環境はますます重要なテーマ

ここ数年、何かと話題になるケナフ。新聞記事にもよく取り上げられる

き上がらせていた。

二〇〇〇年一月二八日：ケナフの会の活動

「ケナフの会」が、ケナフを使った製品を続々と試作している。表装にケナフ紙をあしらった照明器具や葉を原料にしたジュースなど多彩で、二十八日の商工会の会合で披露、四月から本格的に販売する。同会は本年度、補助を受けてケナフを製品化。はがきやコースターのほか、カルシウムが牛乳の四倍で、鉄分がホウレンソウと同等のケナフを原料にした清涼飲料水を開発している。

二〇〇〇年二月十九日：イベント

環境に優しいといわれるケナフの情報交換をはかる「さがケナフの集い」が十八日、佐賀市で開かれた。ケナフ栽培に携わる関係者が一堂に集まる会は県内では初めてで、企業関係者や小学生など約五十名が参加した。

二〇〇〇年二月二十日：小学校での体験活動

二〇〇〇年三月十二日：中学校での体験活動

二〇〇〇年三月十八日：企業での取り組み（地域おこし）

二〇〇〇年六月三十日：企業での取り組み

二〇〇〇年七月二五日：子どもたちの活動

二〇〇〇年七月三一日：地域おこし

二〇〇〇年八月　六日：県主催の環境教育

暮らしから環境を考える「エコライフ21」が科学館で始まり、子ども環境サミットが行われた。サミットではケナフ栽培などを報告。牛乳の容器など身近な例で、暮らしの中でできる工夫を話し合った。

二〇〇〇年九月十四日：理科作品展

県児童生徒理科作品展が県立美術館で始まった。例年に比べ自然環境について取り組んだものが多く、中学三年のHさんはケナフの紙作りに挑戦。その結果、工程中に二酸化炭素を排出するのがわかり、「かえって植物の生態系破壊などの問題を招く」という興味深い考察結果を発表した。

二〇〇〇年十一月　二日：小学校での体験活動

二〇〇〇年十一月二四日：中学校での体験活動

二〇〇〇年十二月二二日：小学校での環境教育

二〇〇一年　二月　三日：小学校での体験活動

家庭　2000年7月13日(木)　毎日新聞　(第3種郵便物認可)

「温暖化救う」は早計!?

ケナフ

企業や学校で…

栽培ブームに学者ら警鐘

二酸化炭素(CO_2)をよく吸収することから「地球温暖化の救世主」ともいわれる植物、ケナフ。一部の学校や企業が進んで栽培しているが、
ら「そんなに単純ではない」「有害

る。ケナフの紙の分だけ、紙の原料としての森林を「守る」ことにもなる。
家電大手のNECも環境対策としてケナフ栽培を

の栽培面積が必要となる。
農水省森林総合研究所で森林生態学が専門の海外研究協力官、小林繁男さんは

まちおこしのために導入した。「花を育てながら環境問題も考えられるから」

15　ひろば　2001年(平成13年)5月18日(金曜日)

甘くち辛くち

ケナフは地球に優しいか

上赤《かみあか》　博文《ひろふみ》（牛津町）

オピニオンさが

最近急に知名度が上がってきたケナフという熱帯植物があります。学校や地域おこしグループが栽培し、さまざまな活動を行っていますが、その際に必ずといっていいほど「地球に優しい」というキャッチコピーがつきます。

オクラの花に似たケナフの花

ケナフが地球に優しいとされる主な理由は、二酸化炭素を大量に吸収し、地球温暖化対策となることと、製紙の原料になり、木材パルプに代わるものとして、森林保護に役立つということです。

ケナフは確かに二酸化炭素をよく吸収するようですが、それが削減には役立ちません。削減のためには、吸収した二酸化炭素が分解されにくい形（木材やサンゴなど）で蓄積される必要があります。ケナフは一年草ですから、そのまま放置すると、腐って分解し再び大気に戻ってしまいます。また、紙を作る場合、繊維を柔らかくするために長時間煮込みますから、吸収した以上の二酸化炭素を放出します。それに対し、何百年も生き続ける樹木は、吸収した二酸化炭素を幹や枝に有機物の形で貯蔵しますから、そこにあるだけで削減に役立ちます。

次に森林保護に役立つという点です。日本では、製紙原料は約五五%が古紙で、残りが木材パルプです。木材パルプの原料は製材残材や細い木、曲がった木などが利用されており、輸入パルプは約三分の二が先進国で、途上国からの輸入はほとんどが植林地のものです。森林破壊は熱帯林が深刻ですから、製紙に関してはほとんど無関係といえそうです。

このように、「地球に優しい」とされている二つの理由は、科学的に分析すると根拠がないものです。ただし、環境に悪いのではなく、良くも悪くもないというのが実態です。

ケナフで今一番問題になっているのは、野生化して日本の自然に悪影響が出るのではないかということです。これについては、まだ結論が出ていません。従って、栽培する場合は、畑や学校園だけにして、道路沿いや空き地、河川敷などには植えないように注意する必要があります。

ケナフは地域おこしや学校の体験学習には大変利用価値が高い植物だと思います。その場合、「地球に優しい」というイメージを絡ませ、過剰な期待や間違った夢を与えないようにして下さい。

広島大学理学部卒。佐賀自然史研究会運営委員長として、佐賀平野の水草調査や、里山の植生調査など研究活動を積極的に続ける。県版レッドデータブックの編さんにも協力した。1955年生まれ。

ケナフへの関心が高まるとともに、疑問を投げかける記事も見かけるようになった。
2001年5月18日の佐賀新聞は、筆者の投稿記事

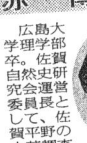

二〇〇一年　三月十三日：ケナフの会の活動紹介
二〇〇一年　三月二五日：小学校での体験活動
二〇〇一年　五月　九日：読者の声欄
二〇〇一年　五月十八日：ケナフは地球に優しいか？（筆者の投稿記事、前ページ参照）
二〇〇一年　五月二八日：イベントの記事
二〇〇一年　六月　十日：中学校での体験活動、ケナフの会との連携
二〇〇一年　六月十五日：環境特集（小学校での環境教育の紹介）
二〇〇一年　七月　六日：ケナフ製品フェアの話題
二〇〇一年　七月十三日：同右

以上のように、佐賀県内関連のニュースに絞っても、一九九八年(二)、一九九九年(六)、二〇〇〇年(一四)、二〇〇一年（十、七月現在）とケナフニュースは加速度的に増えていることがわかります。これは佐賀県内だけの数字ですから、全国ではこれの数十倍のニュースが流されたと考えられます。これだけ、近年人々の注目を浴びているのです。したがって、情報が一人歩きすることも心配され、正しい情報を発信する必要があります。

2　全国各地に次々できるケナフの会

今日のケナフブームのきっかけは、現ケナフ協議会会長の稲垣寛氏の提言により、北川石松環境庁長官（当時）が一九九〇年五月の参議院環境特別委員会で「ケナフは木材パルプに代用できる森林保全に役立つ成長の早い植物で、我が国でも関心を持つ必要が大である」と述べたのが始まりとされています。その後、環境庁の特別予算で二年間の調査費が計上され、ケナフプロジェクトがスタートしました。

その後の行政の動きとして、農林水産省は、日本に適した栽培技術や用途開発の確立に向けて、一九九九年度よりケナフの研究プロジェクトをスタートさせています。このプロジェクトは正式名称を「新規転作作物ケナフの栽培・収穫・調整技術等の開発」と言い、

内容は「栽培技術の確立」「機械収穫・調整技術の確立」「ケナフの環境浄化機能の解明」の三本柱から成っています。三番目の環境浄化機能の解明とは、栽培によって土壌にどんな影響が出てくるかを調べることで、二酸化炭素の吸収や森林保護という内容ではないようです。研究期間は三年間です。

〈参考〉
なお、現在の環境省は、「ケナフの木材代用については、科学的な知見が蓄積されてから検討する。当面は再生紙の利用を優先させたい」と慎重な立場に変わっています。その他の行政機関としては高知県が注目すべき判断を示しています。一九九九年度は、プロジェクトチームを作り情報収集をしたり、環境教育に活用しましたが、二〇〇〇年度は「現段階では製紙コストが高く、直ちに産業化に結びつく動きにならない。紙を漂白すれば廃液処理などで環境に負荷がかかる」として、予算化を見送っています。

民間では、一九九六年五月、広島県安浦《やすうら》町に「ケナフの会」（広島ケナフの会）が設立されたのが最初の動きのようです。その後、全国に次々に「ケナフの会」ができ、『地球にいいことしよう！　ケナフで環境を考える』（釜野徳明・荒井進　著）では、「北海道から沖縄まで合わせると、一〇〇団体近くになるのではないか」と推察しています。

「広島ケナフの会」は、植草祭、収穫祭、ケナフコンテストなど、年間を通して様々な催し・イベントを行っています。また、一九九七年からは全国のケナフの会が集い、ケナフサミットを開催しています。十月中旬に広島県安浦町で行われます。二〇〇〇年十月には国際ケナフシンポジウムが開催されました。鹿児島県加世田《かせだ》市でも十月に「ケナフ花祭り」を行っています。また、一九九九年には、全国の「ケナフの会」の連携を強め情報交換を促進するため、「ケナフネットワークジャパン」が発足しました。

一方、日本でのケナフ栽培のきっかけを作った稲垣氏は、中国からケナフの品種「青皮三号」を五〇〇グラム持ち帰り、一九九一年六月から全国六カ所で栽培実験を行いました。この年の秋に栽培結果報告会がもたれ、このときのケナフ委員会のメンバーが中心となって「ケナフ等代替資源利用による地球環境保全協議会」すなわち「ケナフ協議会」が設立されました。

その後、一九九七年七月に「ケナフ等植物資源利用による地球環境保全協議会」と名称変更しました。名称変更の理由は、ケナフ協議会のホームページに「ケナフの栽培と利用は他の植物資源（特に木材や農産廃棄物など）の適切な利用法の研究開発の促進と連動させることも重要である」「製紙以外のケナフの用途が数多く開発されてきた」「当初期待した製紙用の代替資源としてのケナフの利用の進展には時間がかかる」の三点が挙げられています。

日本にケナフの研究が導入されたヒントとなったのは、アメリカ農務省の研究です。

アメリカでは、一九五〇年代に「農商務省北域研究センター」が非木材資源の研究（研究プロジェクト名「新繊維作物の探求」）を行っています。三〇〇〇種以上の植物の適性評価を行い、六一種に関しては実際にパルプ適性実験が行われ、最終的に「ケナフ」と「オクラ」が有望植物として評価されました。ケナフが栽培繊維植物として選抜され推奨されるに至った八つの理由が、二〇〇〇年五月に発行された「ケナフ協議会ニュース八五号」に示されています。

①地味を選ばず広範な地域で栽培できる

②肥料投入量に見合った旺盛な生育とバイオマス生産量の大きさ

④病害虫の少なさからくる農薬使用量の大幅な低減

⑤栽培の容易さからくる低エネルギー投入型農業の実現

⑥紙原料としての優秀性

⑦用途の多様性

⑧土壌改良効果が期待できる

（ホームページに掲載された「ケナフ協議会ニュース」では③が抜けています）

これら八つ（七つ？）は、栽培植物としての有用性や環境保全型農業を思わせる内容が中心です。「二酸化炭素を大量に吸収し地球温暖化対策に役立つ」「非木材資源であるので森林保護に役立つ」といった内容はなく、日本で主張されている環境保全植物は日本独自の考えのようです。

3　総合的な学習・環境教育の旗手として

学校での取り組みの広がりも目を見張るものがあります。

宮崎大学教育文化学部附属小学校のホームページに、「全国発芽マップ」があります。ある植物の栽培を全国に呼びかけて、一斉に種まきをし、発芽、開花、収穫の様子を情報提供してもらい、全国地図の上にマッピングしたものです。日本は南北に長いですから、当然地域差が出てきます。単なる栽培体験だけでなく、同じ方法で栽培を行っても、地域によって結果（開花時期等）が異なることをタイムリーに情報交換し、学習に役立てることを目的としているようです。

一九九五年は「かぼちゃ」、一九九六年は「わた」の栽培を行っていますが、一九九七年からは、ケナフの栽培を呼びかけています。参加学校数は、一九九七年五〇校、九八年七七校、九九年五三校、二〇〇〇年一五九校、二〇〇一年二〇四校（十月十五日現在）と

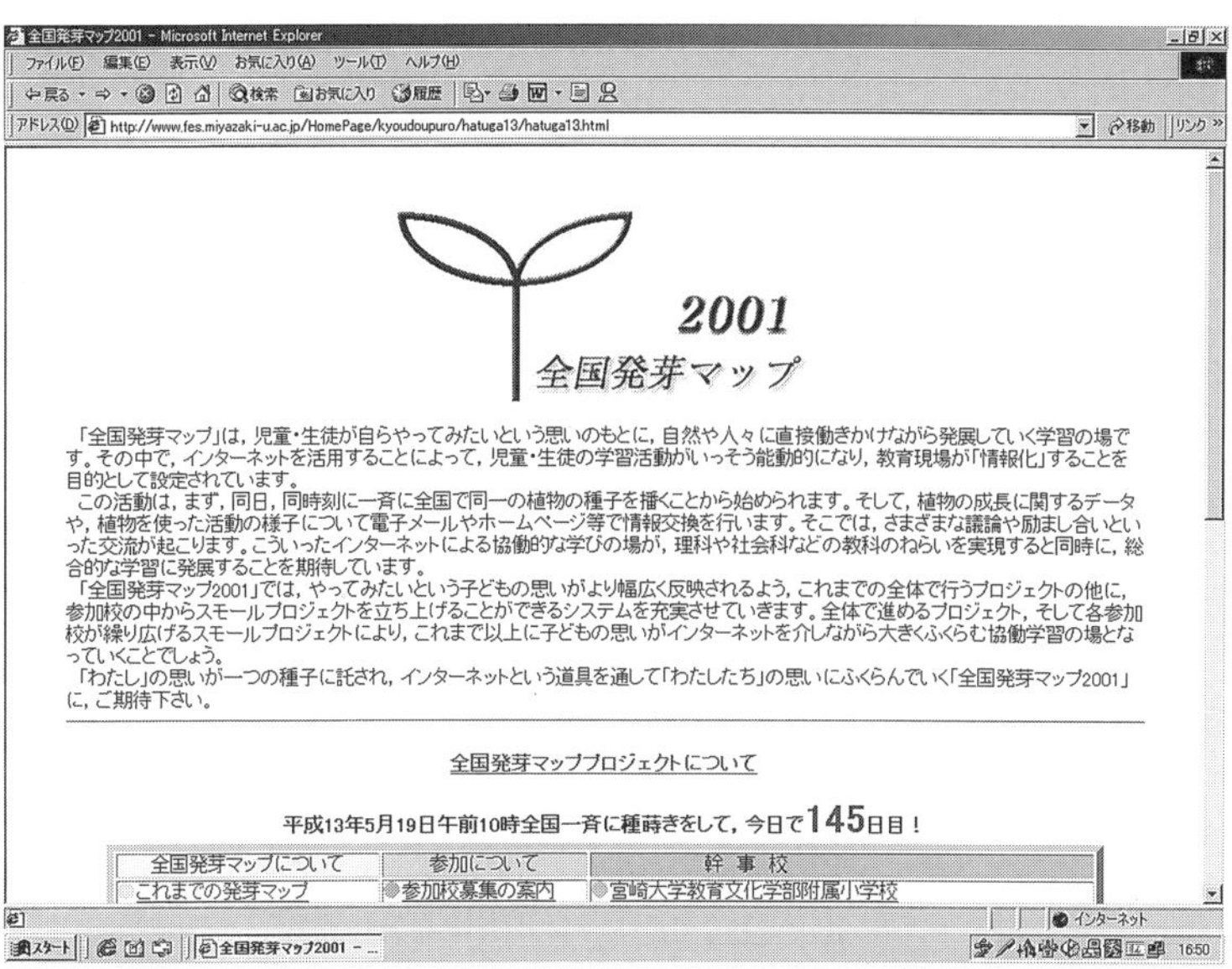

全国発芽マッププロジェクト。年々参加校も増え、大いに盛り上がっている
（出典　http://www.fes.miyazaki-u.ac.jp/HomePage/kyoudoupuro/hatuga13/hatuga13.html）

なり、特に二〇〇〇年以降は飛躍的に取り組む学校数が増えています。これは、「総合的な学習の時間」の試行が始まり、環境教育や体験学習として活用しているためと考えられます。「全国発芽マップ」に参加している学校はまだ一部と考えられ、実際に何らかの形でケナフ栽培を行っている学校は、一〇〇〇校を超えていると言われています。

ケナフ栽培が広がっている状況は、教育関係の研究論文からもわかります。教育センターには毎年全国の教育研究機関（学校以外）から研究紀要が四〇〇冊ほど送られてきます。一九九八年度まではケナフ関連の論文はゼロでしたが、一九九九年度に二本、二〇〇〇年度には七本の論文が掲載されていました。

第3章

ケナフの疑問
――帰化の危険性――

第1章では推進派が述べているケナフの特徴を紹介しましたが、この章では筆者が考えるケナフの問題点について整理してみます。

1　無秩序にばらまかれるケナフの種子

ケナフ推進の各団体はケナフ栽培を広げるため、積極的に種子の頒布を行っています。ケナフ協議会は、一九九九年四～五月に一八九キログラムの種子を、鹿児島ケナフの会は一九九八年に二〇万粒の種子を配布しました。大手種子メーカー（サカタ、タキイ）やケナフ製品を商品化している企業も市販しており、また「総合的な学習の時間」の広がりに伴い、全国の学校からも配られています。ただし、販売あるいは配布される種子の大半は輸入されたもののようです。

農作物であれば、購入した種子はほぼ間違いなく畑で栽培されますが、ケナフについては道路沿いや河川敷にまかれることもあります。

2　栽培しやすいのに野生化しにくい？

ケナフ推進派の出版物には、栽培について「手がからず病気にもなりにくいので、素人でも育てやすい植物です。」（『夢、ケナフ』）、「ケナフはどんな場所でも育つこと、手入れが非常に簡単だということがわかりました。」（『広島発ケナフ事典』）とあります。また、野生化については、「日本の場合四季がはっきりしているので、冬に弱いケナフは自生できません。毎年栽培する必要があります。このことは逆に、セイタカアワダチソウのように生態系に悪影響を及ぼさない保証でもあると考えられます。」（『夢、ケナフ』）、「ケナフは何千年も昔から人類が栽培してきた〝繊維作物〟です。私たちがふだん目にする田畑に植わっている野菜や花はそのほとんどが外国から導入されたものです。ケナフもそれらと同じ導入作物なので、キャベツやレタスを栽培するのと基本的には同じです。セイタカアワダチソウのような雑草ではありません。ですから他の畑作物を栽培するのと何ら変わりません。生態系への影響を心配される人は、ケナフの夏の旺盛な生育を見て繁殖力も同様に旺盛ではないかと思うようです。」（『広島発ケナフ事典』）と解説されています。

栽培については、実際に私も体験してみて、確かにそれほど難しくないと感じました。しかし、野生化については、植物の生理・生態を考えると疑問点がたくさんあります。

冬に弱いと自生できない？

まず、「冬に弱いケナフは日本に自生できません」という説明です。

春に芽生え、夏頃花が咲き、種子をつくって枯れる植物を一年草、秋に芽生え、春に花が咲き、種子をつくって夏までに枯れる植物を越年草（または二年草）と言います。いずれも繁殖の方法が種子だけで、一年以内に一生を終える植物です。ケナフは、種まきから種子の収穫までを一年以内ででき、冬には完全に枯れるわけですから、日本に自生しているふつうの一年草と何ら変わりません。

外国から入ってきて日本に完全に定着し、繁殖している一年生・越年生の帰化植物（第5章-2参照）には、オランダミミナグサ、オオイヌノフグリ、コハコベ、セイヨウアブラナ、オランダガラシ、ウマゴヤシ、アメリカフウロ、マツバゼリ、コニシキソウ、オオマツヨイグサ、ニワゼキショウ、ヒメオドリコソウ、ヒメジョオン、オオアレチノギク、ヒメムカシヨモギなどがあり（これでもごく一部）、身近なところにごくふつうに見られる状況です。むしろ日本では一年草・越年草のほうが多いのが現実です。ですから、一年草だから日本の生態系に影響を及ぼすことはあり得ないというのは明らかな間違いです。

多くの本に、「ケナフは北日本では種子ができない」と書いてあります。これが本当なら野生化できるのは西日本だけということになります。帰化植物の中にも西日本だけに知られているものはたくさんあり、ケナフもその仲間に入る可能性があるわけです。

なお、蛇足ですが、「自生」という用語は、もともと日本に野生にあった植物（在来種）について使う言葉なので、用語の使い方が間違っています。

日本に定着した一年生・越年生の帰化植物たち。
左：ヒメオドリコソウ、右上：ニワゼキショウ、
右下：オオイヌノフグリ

栽培植物は野生化しない？

次に、「ケナフは、キャベツやレタスと同じ導入作物なので、他の畑作物を栽培するのと基本的には同じです。セイタカアワダチソウのような雑草ではありません。（主旨）」という説明です。「栽培植物なので野生化する心配はありません」と言いたいのかもしれませんが、栽培種が逃げ出して野生化しているものも意外とたくさんあります。

ハマダイコンはダイコンが野生化したものだといわれており、春先の河川敷には、かつて畑で栽培されていてそれが逃げ出したと思われる個体が、やはり野生化したアブラナやセイヨウカラシナといっしょに花を咲かせています。

ハスも栽培されていたものが逃げ出して各地で野生化しています。重要なことは、地下茎（レンコン）を太く成長させるため、花が咲きにくいように品種改良されたものが野生化していることです。人間の手によって品種改良されたものが野生化することもあるわけです。

ナガイモ、チャノキ、キーウィ、アサ、エビスグサ、

ハマダイコンはダイコンが野生化したものといわれている。ふつう、砂浜に生えているのをイメージするが、筑後川沿岸の道路では、随所でこのような群生地が見られる

アマ、カラタチ、ウルシ、イチビ、ヤブチョロギ、チョウセンアサガオなども栽培されている有用植物ですが、一部の地域では栽培から逃げ出し、帰化が報告されています。

観賞用の園芸植物が野生化したものはそれ以上にあります。代表的なものだけでも、コンテリクラマゴケ、オオケタデ、オシロイバナ、マンテマ、セイヨウスイレン、キンシバイ、ケシ、ショカッサイ（ハナダイコン）、エニシダ、ハリエンジュ、ハナカタバミ、フウセンカズラ、ムクゲ、トケイソウ、ヒルザキツキミソウ、ハナガガブタ、ニチニチソウ、サルビア、ヤグルマギク、フランスギク、キンケイギク、キクイモ、オオハンゴンソウ、ハナニラ、キショウブ、ボタンウキクサ、ホテイアオイ、バショウ、ミズカンナ、ハナカンナなどがあります。この中にはキクイモ、オオハンゴウソウ、ホテイアオイ、ボタンウキクサなど、日本の気候風土に適応し、猛繁殖しているものもあります。ケナフ以上に安易な栽培が行われ、問題は根深いものがあります。

栽培植物は人間に都合がいいように品種改良されて

キショウブ。しばしば植栽されるハナショウブと違って人知れずひっそりと咲いていることが多いので、日本の植物だと思っている人が多い

おり、人の管理がないとその特徴が充分発揮されないのは確かです。しかし、もともとは野生植物ですし、栽培から逃げ出し環境に適応すれば野生化することも充分にあり、前述のとおりすでにたくさん知られています。ケナフがそうならない保証はどこにもないのです。

3 帰化の可能性

『広島発ケナフ事典』の中に「ケナフの繁殖力（子孫を残す能力）は弱く、日本ではなかなか種子はできませんし、発芽率も極めて低いものです。雑草化して生態系を脅かすには、旺盛な繁殖力が不可欠ですから、ケナフにその心配はありません。」という文章がありますす。これに帰化に関するいくつかの問題点があります。

種子形成と発芽率について

ケナフに種子ができにくいかどうかについては、筆者が行った次のような栽培の記録があります。

ある研究会の会場で一九九九年秋にもらったケナフの種子（一袋中に十数個でしたが参加者全員に種子が配布された）を二〇〇〇年六月二日にプランターにまきました。マニュアルどおり二日後に発芽し、二〇センチほど伸びたところで、教育センターの温室横にある空き地に路地植えしました。朝夕の通勤のときに必ず通る場所です。植えたのはわずかに八株です。

植えた場所は、日当たり充分で直径二～三センチの砂利がごろごろした瓦礫地です。栄養はほとんどないと思われましたし、もちろん施肥もしておりません。最初は順調に成長し、約二カ月で一メートルほどになりました。これもマニュアルどおりです。

その後も継続して観察していたところ、八月十一日に花芽ができていることに気がつき、最初の花が十六日に咲きました。草丈はまだ一メートル余りでした。ケナフ推進派の本には、種まきしてから開花まで四カ月かかるとありますが、私の栽培では二カ月半で最初の花が咲いたわけです。

この栽培結果はどう解釈したらよいのでしょうか。

考えられるのは生物の繁殖戦略です。生物の究極の生存目的は子孫を残すことです。すべての生物は、子どもへ自分の遺伝子を受け渡すためにあらゆる可能性を試し、その結果、実に多様なしくみや行動が存在します。そのことが今日の複雑な生物社会をつくり上げたと言っても過言ではありません。

「ライオンやゴリラの新しいボスが前のボスの子どもを殺す（雌は子育てしている間は発情しないが、子どもがいなくなると交尾を受け入れるように生理状態が変わる）」、「ある種のトンボは雌に強引に交尾を迫り、他の雄の精子がすでに注入されているとそれを掻き出してから自分の精子を注入する」、「被子植物が蜜で昆虫を引き寄せて受粉の手助けをしてもらう。しかも、あるものは花粉が効率よく昆虫の体につくように花の形に工夫がある」など、例を挙げたらきりがありません。

このようなことをケナフに当てはめて考えてみましょう。「ケナフを肥料たっぷりの畑で育てると、どんどん大きくなっていく。秋が来て気温が下がってくると、そこでストレスを感じ、子孫を残すために花を咲かせ

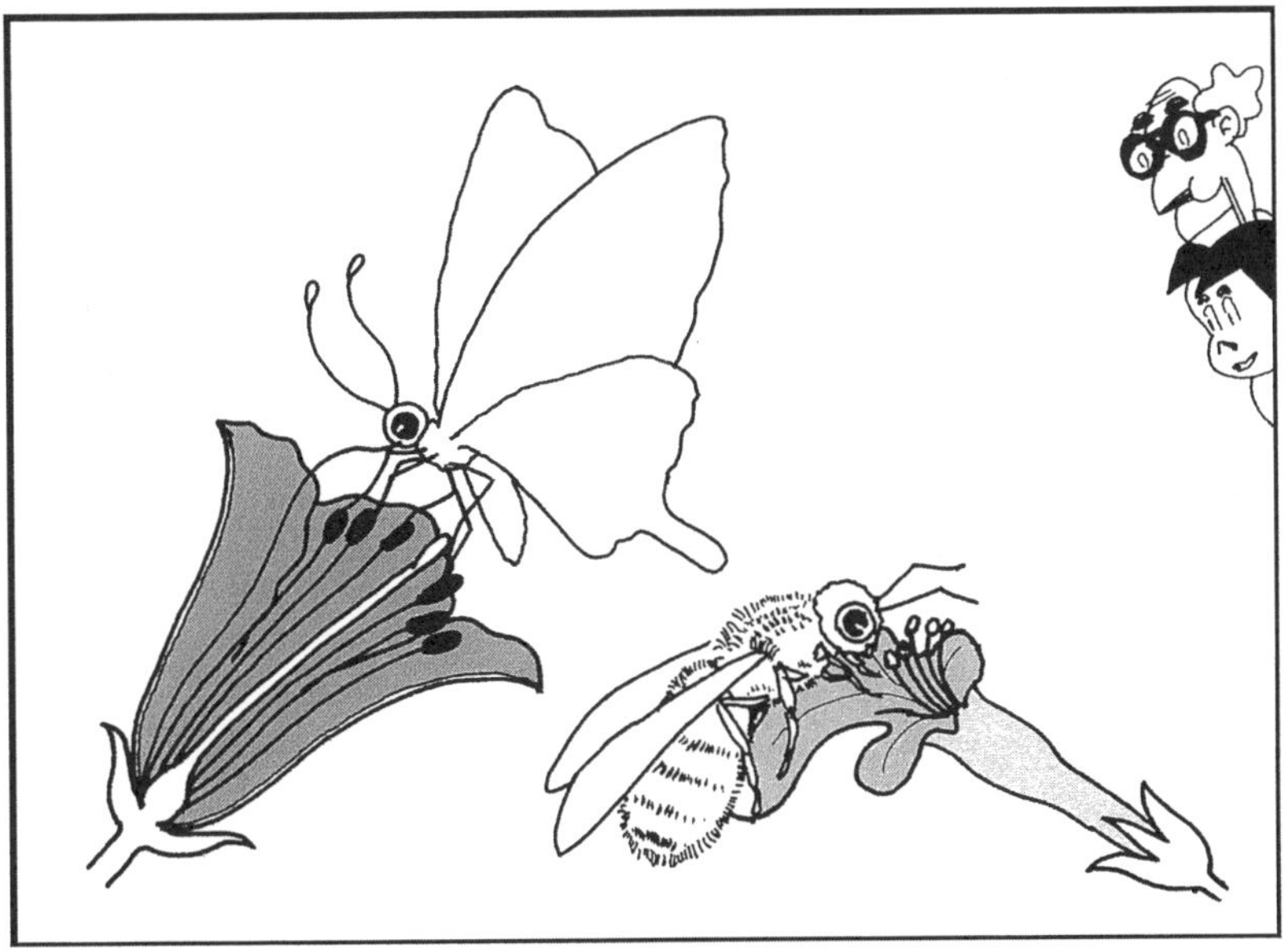

とまり場があったり、花粉がつきやすい形をした花。植物の繁殖戦略の一つだ

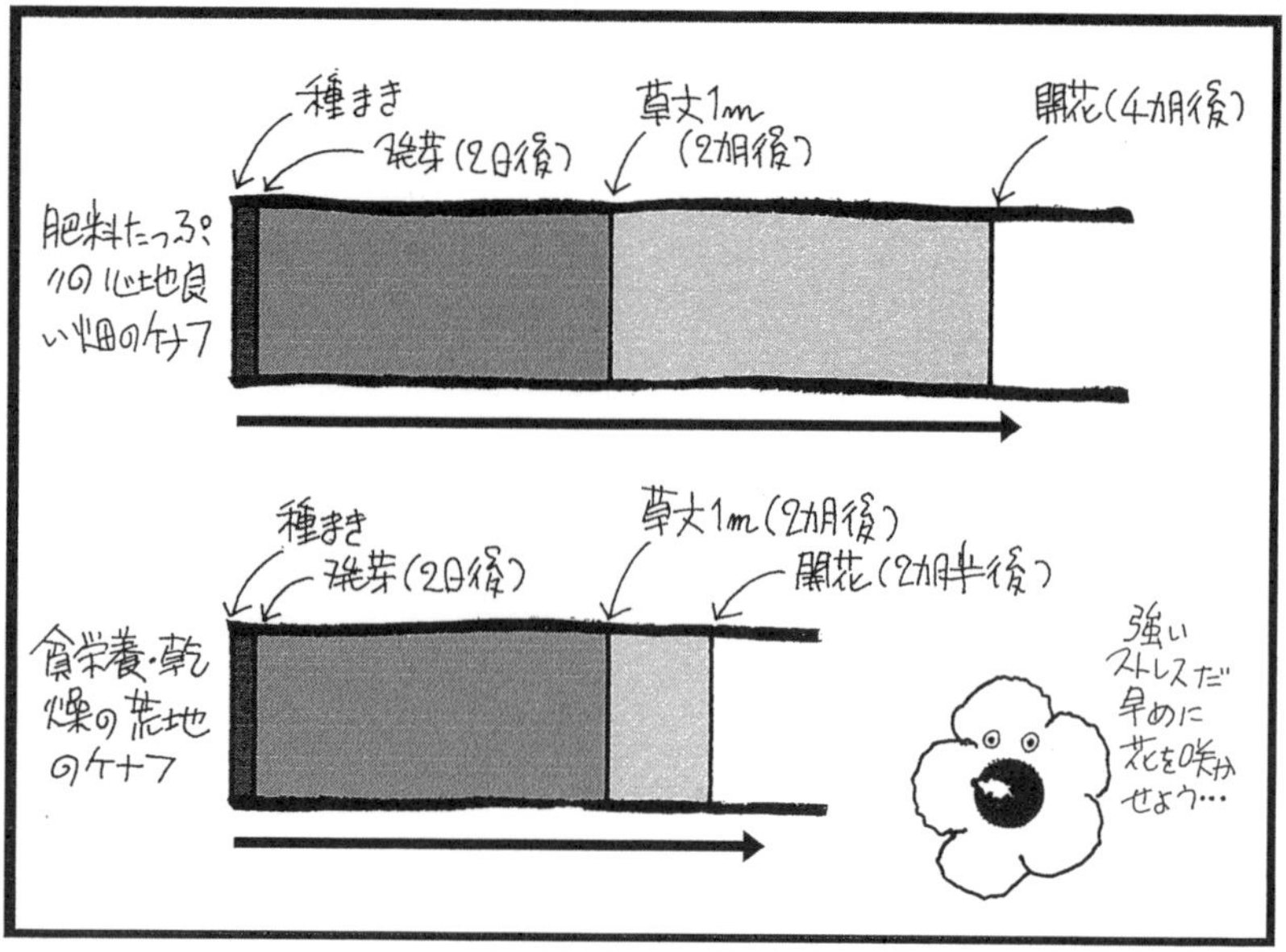

ストレスを感じると、開花が早くなる

る。ケナフを荒れ地などの貧栄養・乾燥といった悪条件下で栽培すると、強いストレスを感じ、まだ充分に成長していない状態でも、確実に子孫を残すために早く花を咲かせた」と考えると説明ができます。

ただし、厳密に言うと、植物が花芽をつくる条件は種類によって異なり、多くの場合、日照時間と温度の影響を受けます。ケナフの場合、条件的には八月には満たされていたのだけれども、畑で栽培した場合は栄養条件等のストレスが低かったために花芽形成が先延ばしされたと言えるでしょう（ケナフの花芽形成の条件についてはまだわかっていません）。

八月中旬に開花を始めたケナフは連日新しい花を咲かせ、約一カ月間続きました。最初に咲いた花は九月中旬に果実（苞）をつくりました。そして、十月中旬にはすべての苞が茶色に成熟し、中に種子ができていました。

しばらくそのまま放置していましたが、十月下旬に長雨があり、完熟して割れた苞の中で種子が発芽を始めましたので、あわてて種子を収穫しました。全部で五九九個の種子が採れました。すべての種子が成熟しているわけではないので、水に浮くか沈むかで種子を二つに分けました。沈んだものは三五六個（五九％）でした。

収穫直後、真水に沈んだ種子を五〇個選び、温度を一八℃に保った培養器の中で発芽実験を行いました。二七個が発芽し、発芽率五四％でした。日本で栽培して採れた種子に発芽能力があることが証明されたことになります。

この実験結果は、もう一つ重要な意味を持っています。それは、形成された種子がすぐに発芽したことです。野生植物では、種子形成後、一定の休眠期間を経たあとに、水、適温、酸素が与えられると発芽するのがふつうです。ケナフにおいて、発芽率こそそれほど高くはありませんが、休眠をしない種子があることは帰化の可能性を低くします。なぜなら、温暖な九州であっても、冬期には最低気温が氷点下になることがしばしばあり、秋に芽生えたケナフは九州の冬を越せないと考えられるからです。

そこで、次に問題になるのは、「成熟した種子がすべてすぐに発芽する（休眠しない）のか？」ということ

ケナフの苞。6月2日に植えたケナフは8月16日に開花し、9月に入ると苞が膨らんできた

ケナフの種子選別。水に沈んだものだけを、発芽実験に使用した

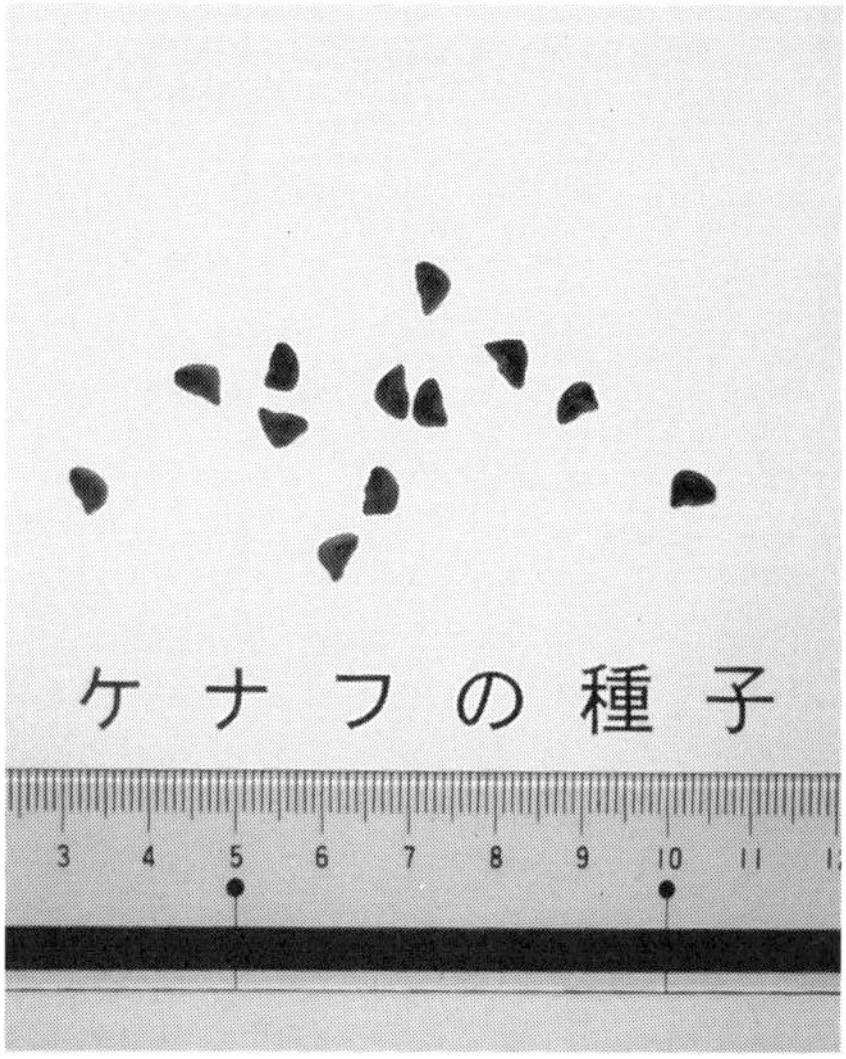

ケナフの種子。草本としては大きく、アサガオの半分くらいある

です。四月になってから保管していたケナフの種子を五〇個選び、十一月と同様な発芽実験を行いました。三二個が発芽し、発芽率六四％でした。種子形成直後は五四％だったので、発芽率が一〇％上がったことになります。しかし、五〇個は母数としては少なく、有意に差があるかどうかはまだ言えません。

今回の栽培実験は荒れ地で行っていますので、ケナフが栽培地から逃げ出して野生化した場合に適用することができます。栽培は六月二日に始めましたが、ケナフ推進派の資料には、九州では五月上旬でも種まきが可能と示してあります。野生化した場合でも五月に芽生えた個体は順調に成長できると考えられます。

しかし、五月に芽生えた場合、開花がいつになるかはやってみないとわかりません。今回やった栽培実験より一カ月早まるとは単純には言えないでしょう。ケナフは短日植物（夏から秋に向かい日照時間が短くなるときに花が咲く植物）の可能性が高いと推測していますが、様々な条件で実験を繰り返さないと、花芽形成要因はわかりません。このあたりが今後の研究課題です。

『広島発ケナフ事典』には、花が咲いてから種子が成熟するのに四〇～五〇日かかり、この間二〇～二五℃の気温が必要と書いてあります。また、二〇〇〇年十月に広島県安浦町で行われたケナフサミットで、「花が咲いて種子が成熟するまで約二カ月かかり、その間に霜にあうと、種子は成熟できない」という説明もありました。今回の栽培結果では、開花が八月中旬～九月中旬、苞の成熟（茶色に変わる）が九月中旬～十月中旬でした。すなわち、開花から種子形成までが約一カ月だったわけです。

今回の栽培結果を総合すると、種まきから開花までが二カ月半（通常の栽培では四カ月）、開花から種子成熟までが一カ月（同二カ月）、すなわち種まきから種子成熟まで三カ月半あればよいことがわかりました。一般に行われているように、栄養たっぷりの畑で栽培した場合は、種まきから種子形成まで六カ月もかかるようですから霜が降りる季節になってしまい、日本では種子が成熟できないという結論になるわけです。しかし、それは野生化した場合には当てはまりません。

また、種子の休眠について、いくらかの実験を行い

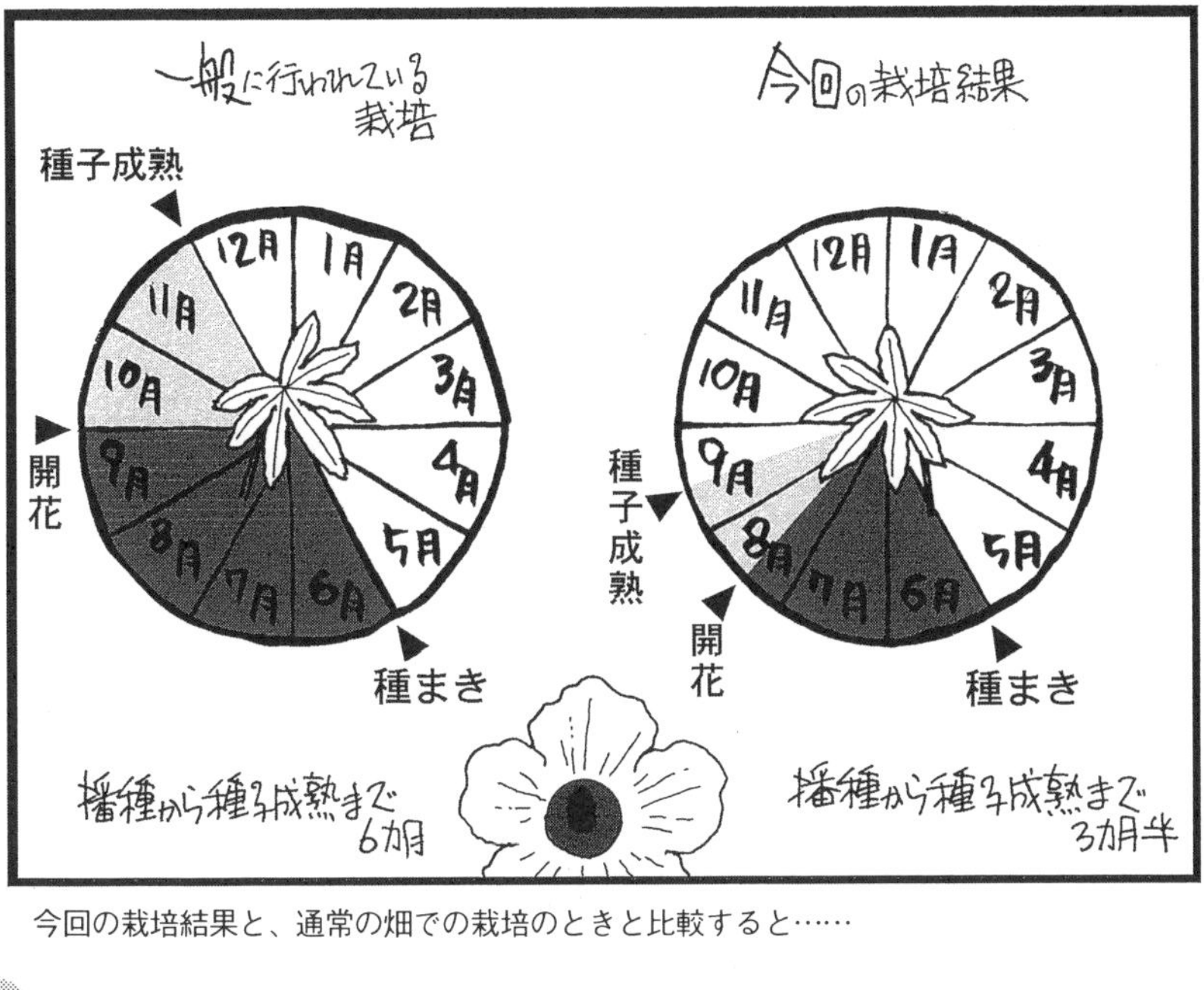

今回の栽培結果と、通常の畑での栽培のときと比較すると……

ましたが、現時点では「不明」というのが現状です。休眠する種子があるかどうかが、野生化するか否かの鍵を握っていると私は考えています。これからの大きな課題です。

今回ケナフを荒れ地で栽培したところ、種まきから種子成熟までが三カ月半、草丈は最も大きいものでも一二四センチという結果になりました。ケナフの立場で言ってみれば、子孫を残すという究極の目的のためには期間は六カ月も必要ないし、必ずしも四〜五メートルに成長する必要もなさそうです。

旺盛な繁殖力について

旺盛な繁殖力があるかどうかは、どんな環境に適応するか、および生態系の中でどんな位置に入り込めるかで変わってきます。日本で猛繁殖し生態系に悪影響を及ぼしている外来植物が、その原産地でも繁殖力が高いかというと必ずしもそれは言えません。むしろ生態系の一員として質素に生活している場合がほとんどです。

逆に日本から海外に侵出し、そこで猛繁殖し、たいへんな被害を出している植物も知られています。スイカズラ、クズ、アケビ、カナムグラ、ノイバラ、テリハノイバラ、オオイタドリ、イタドリなどです。これらの植物は、日本では単なる生態系の一員に過ぎません。アメリカでは、クズが畑を覆い尽くし、家まで完全に覆い尽くすような被害が出ています。クズが好きな環境があって、生存競争をする相手（植物）がなく、クズを食害する動物がいなかったなどの条件が重なったためです。

本来、生態系は多くの生き物から構成され、それらは微妙に違う環境にすみ分けて生活しています。健全な生態系の中では、ある一種類の生き物だけが繁栄することはありません。生物どうしは、共生、寄生、競争、空間的なすみ分け、時間的なすみ分け、食う―食われる、など様々な関係でつながっています。つながりが複雑なほど健全で安定した生態系になります。

農業生態系は生態系の基盤となる植物を極めて単純化したために、不安定な生態系です。そのためにバランスが壊れやすく、ある種の生き物が大発生するのです（これを人間は害虫と呼びます）。健全な生態系の中

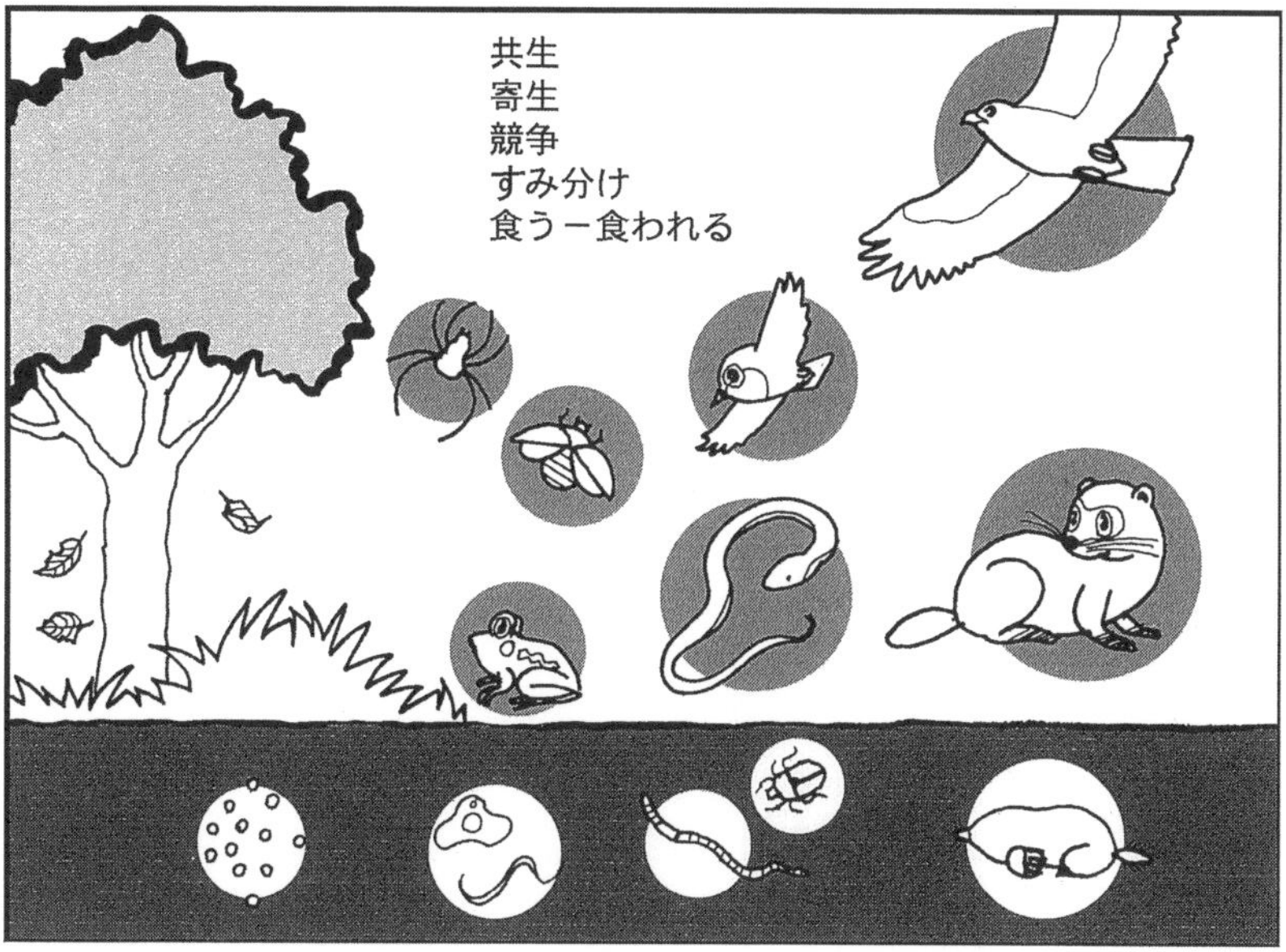

草や木、動物、微生物、様々な生き物たちがつながり合っている生態系

では、ある動物は他の種類の動物から捕食されているために、特定の種が大発生することはふつう起こりません。このことは捕食される動物にとっても好都合なのです。すなわち、大発生すると次に待っているのは餌不足です。下手すると集団が全滅することもあるのです。

ここで、もう少し「生態系」について解説をしておきます。

ある地域で生活している植物（生産者）、動物（消費者）、微生物（分解者）はお互いに影響を及ぼし合っており、それぞれは環境からの影響を受け、そして環境に影響を及ぼしています。ある地域で生活している生物集団と環境とのまとまりを「生態系」と言います。

地球上にはマクロ的にもミクロ的にも実に多様な環境があり、それぞれに独特な生態系が成立しています。生態系のベースとなるのは植物です。地球上のどこにどんな植物が生育しているかは、基本的には気温と降水量で決まります。

世界に目を向けると、極端な場合を除き、年平均気温はマイナス一〇℃～プラス四〇℃、年間降水量は〇ミリ～四〇〇〇ミリの幅で変化します。その組み合わせから世界の植物群落は、熱帯多雨林、亜熱帯多雨林、照葉樹林、夏緑樹林、常緑針葉樹林、落葉針葉樹林、硬葉樹林、雨緑樹林、サバンナ（熱帯草原）、ステップ（温帯草原）、ツンドラ（寒地荒原）、砂漠（乾燥荒原）に大きく分けられ、それぞれはさらにたくさんの植物群落に細分されます。

例えば、大きな枠でくくると、西南日本の平地は照葉樹林帯（常緑広葉樹）で、東北地方の平地は夏緑樹林帯（落葉広葉樹）ですが、それぞれは降水量、気温、地質、保水力などの違いで多様な植物群落が成立しています。一つの植物群落は数十から数百の植物種から成り、その中で様々な動物が時間的、空間的にすみ分けています。植物は動物の食べ物になり、すみかになり、隠れ場所になり、休憩場所になります。どんな動物がやってくるかは、そこにどんな植物があるかで決まります。自然の中で生き物は複雑に関係し合い、繊細で微妙なバランスが成立しています。

このように、地球上に様々な環境があって、そこに異なった生物群が生活している状態を「生物の多様性

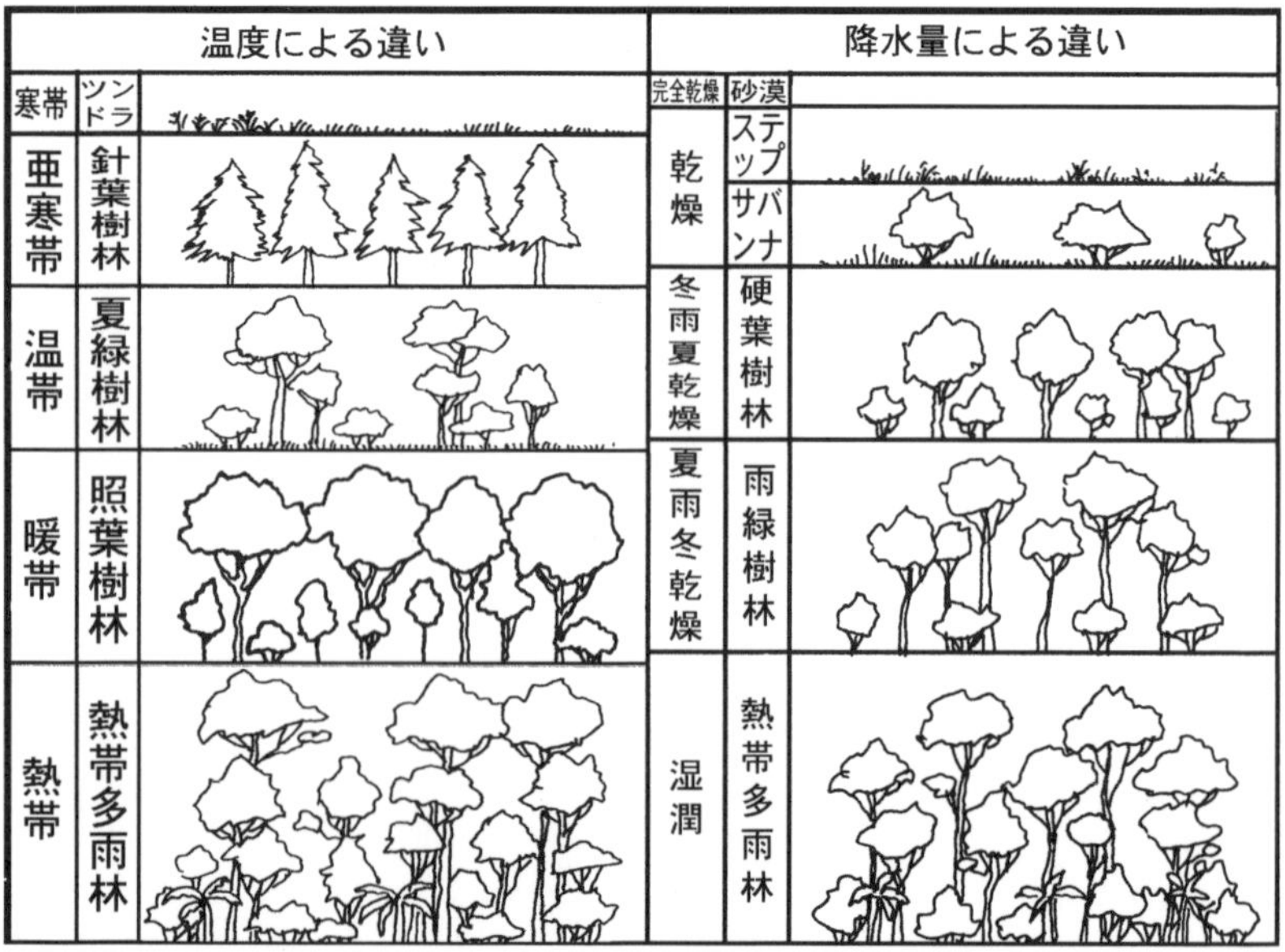

温度、降水量と植物群落。左図が温度、右図が降水量の違いによる相観の違いを示している

が高い」と言います。「生物多様性」はこの本の重要なキーワードです。第6章でくわしく見ていきます。

熱帯植物の危険性について

ケナフはすでに何回か書いたとおり熱帯植物です。今後、日本に侵入し猛繁殖することが恐れられている植物の一群が熱帯性のものです。

地球規模の環境問題として地球温暖化があります。大気中の二酸化炭素が増加して大気の温室効果が高まり、大気の温度が上昇するというものです。地球温暖化は生き物の世界にも重大な影響を及ぼしており、生物の分布が北上している事実がいくつも報告されています。

クマゼミは、以前は関東(東京)以西にしか分布せず、東京ではまれでした。現在は東京でも増えていて、さらに分布を北上させています。タテハモドキという南方系のチョウは、宮崎県南部や鹿児島県では普通種ですが、近年顕著に分布が北上していることが知られています。佐賀県では、一九九五年までに三頭しか記録がありませんでしたが、一九九六年に九頭、一九九九年に一八頭、二〇〇〇年には四八頭が記録されています。

また、高山植物の分布域が高度を上げているという報告もあります。

そんな中、熱帯性の植物が日本に侵入し、今後日本の生態系に重大な悪影響を及ぼすのではないかと心配されています。

熱帯・亜熱帯地方に広く分布しているボタンウキクサという水草があります。日本では、従来は南西諸島に帰化が知られていた植物です。近年のアクアプラントブームに乗って、熱帯魚店やホームセンターの園芸コーナーで、ウォーターレタスの商品名で販売されています。このボタンウキクサが水辺に捨てられ猛繁殖する事例が、一九九二年頃から全国的に知られています。

一九九九年九月、佐賀市鍋島町で、ボタンウキクサが延べ三・八キロメートルのクリーク（佐賀平野の潅漑施設）を覆い尽くしているのが発見されました。地元の人の話では、六月頃クリークの一端に見慣れない水草があることに気がついたが、見る見るうちに広がっていき、三カ月後には数キロメートル先まで完全に水面を覆い尽くしてしまったとのことです。

ボタンウキクサは、野外において十一日間で約二倍に増えたという広島県での観察記録があります。今回野生化したものは、おそらく店から購入して栽培していたものが、あまりに繁殖したため、もてあまして水辺に捨てたものが発端と考えられます。クリークを覆い尽くしたボタンウキクサは農業被害（取水の邪魔）、漁業被害（有明海に流出しノリ網にかかる）、生態系へ

ボタンウキクサ。ウォーターレタスの商品名で、園芸店で売られている

ボタンウキクサの夏場の繁殖力はすさまじい。栽培していた人がもてあまして、近くの水路等に投げ入れると、このような事態となる。ここでも3カ月前までは1個体も見られなかった

ホテイアオイの花。ウォーターヒヤシンスとも呼ばれ、観賞用として導入された。今日でも、園芸店で売られている

の悪影響が心配され、二八〇〇万円をかけて除去されました。

ボタンウキクサは、従来は日本本土では繁殖しても冬は越せないと言われていましたが、越冬しているケースが最近報告されています。今後の水辺生態系に深刻な影響を及ぼすのではないかと、最も危惧されている植物です。

同様に、熱帯性の水草であるホテイアオイ（こちらの方が知名度は高いでしょう）も年々分布域が北上し、猛繁殖して農業被害を出しています。

このように、熱帯性あるいは南方系の生き物は、今後の地球温暖化の進行に伴い最も警戒すべき生物群と考えられ、ケナフもその一員と思われます。

4　ケナフ栽培は確実に管理できる場所で

ケナフの場合、最も心配なのは無秩序に種子がばらまかれており、それが管理できる畑や学校園だけではなく、道路沿いや河川敷にもまかれていることです。

ケナフが帰化する可能性についてはすでに述べたとおりですが、畑や学校園などで栽培されるだけであれば、その危険性は最小限に抑えることができます。川は必ず雨の後に大水を出します。堤防が整備されていますので、そこから溢れ出して洪水を起こすことは滅多にありませんが、河川敷は年に何回も濁流にもまれています。ケナフが河川敷で栽培されていて種子ができていれば、ところかまわず流れていきます。そうなれば、二度と人間が管理することはできません。

神奈川大学の釜野氏は、著書『地球にいいことしよう! ケナフで環境を考える』の中で、「ケナフは作物として栽培管理しよう」と呼びかけていますが、同時に「管理さえできれば、川べりやゴルフ場付近、道路ぎわも問題ありません」と述べています。しかし、これはたいへん危険な発言です。日常的に目が行き届かない場所は情熱も中途半端になりますし、特に子どもの場合、関心がある間は一生懸命世話をしますが、興味が薄れるとそこから離れてしまうのが常です。ケナフ協議会やケナフの会の人たちも、「ケナフは畑で栽培する性格のもの」とはっきり示しています。

今の日本で、最も帰化の可能性が高いのは南西諸島や小笠原諸島のような亜熱帯地方です。このような島嶼は、隔離された環境から生物は独特に進化し、世界でそこだけという固有生物の宝庫です。絶滅危惧種が集中する場所でもあります。

ある環境のもとで植物と動物は密接なつながりを持っています。もし、一種類の植物が絶滅すると、それに依存していた数種類の動物も絶滅する可能性が高いのです。もし、ケナフが野生化してしまうと、同じような生活様式の植物と競争関係になり、その場所の植生が変化することが考えられます。すると、そこに生息していた動物にも影響が及びます。島嶼の場合、日本本土よりもはるかに大きな影響となって現れてくるはずです。

日本で栽培されているケナフからは種子はあまり採れていないようですし、採れても発芽率は、せいぜい五〇%程度のようです。そこで、毎年種子を購入するわけですが、けっこう単価が高く、日本で種子が採れる品種を求める声も聞こえてきます。ケナフ栽培が盛

例えば、河原のヨシ原は、ヨシキリやカヤネズミの生活場所。ケナフが侵入してヨシ原がなくなれば、動物との関係も変わってしまう

んになれば、品種改良の声も大きくなってくると思われますから、寒さに強く種子の発芽率が高い品種がつくられる可能性もあります。もしそうなると、帰化の可能性は飛躍的に高まります。

5　正しい情報、責任ある活動を！

ケナフ推進派は、異口同音に「帰化する可能性はない」と述べています。しかし、抽象論ばかりで、根拠を示したものにまだ接したことがありません。「栽培植物だから帰化しない」とか「四〇〇〇年以上栽培されているから帰化しない」というような説明がなされていますが、科学的な研究の成果として示してほしいものです。

また、いくつかのケナフ推進団体の口から、「私たちはケナフで楽しみ、ケナフで遊ぶだけ。これからもいろいろな体験をして、活動の輪を広げていきたい」そして「実用化に向けた開発は企業家へ、学術的な研究は専門家に任せる」という言葉が発せられています。これはたいへん気になる発言です。わずか一〇年前には、ほとんどの日本人はケナフを知りませんでした。それが今日これだけの知名度が出てきたのは、ケナフを愛する人たちが真っ黒になって活動した結果です。仲間を増やし、苗を植え、種子を配布することに力を入れました。

もし、帰化の可能性がないと主張するなら、それを自分たちで検証する責任があるはずです。場合によっては、生態学の専門家に研究を依頼することも必要でしょう。そこまでやって、責任ある活動と言えるのではないでしょうか。

ケナフの会の代表者のように、指導的立場にある人たちが、科学的なものの見方・考え方（特に生態学）を身につけて、正しい判断をしてほしいと思います。後で述べるように、ケナフに多くの利点があることは確かですし、さらに多様な活用法を開発することに異論はありません。それぞれの生物には固有の特徴（人間にとって都合がいいものも悪いものもある）があるが、世界中のどんな生物を調べても、よいことずくめの魔法のような生物は存在しないということを理解してほしいのです。

子どもたちは非常に純粋です。「ケナフは病気で苦しんでいる地球を救うとてもすばらしい植物です」と大人が言えば、当然それを信じて一生懸命になります。そして、草ぼうぼうの空き地や河川敷、道路沿いや高速道路の法面《のりめん》など、植える場所をたくさん探してくることは明らかです。正しい情報を発信してほしいと思うゆえんです。

第4章

ケナフは本当に地球に優しいか？

ケナフは、推進派によって「環境保全植物」とPRされています。ケナフが今のように広まった最大の要因と思われます。環境に優しいとされている理由は、次の四点に集約されます。

①二酸化炭素をふつうの樹木の二〜八倍吸収し、地球温暖化対策の切り札となる。
②丈夫な繊維から紙をつくることができ、木材パルプに代わるものとして、森林保護に役立つ。
③（いかだでの水上栽培で）水質浄化に役立つ。
④土壌改良の効果がある。

しかし、本当にそうなのでしょうか？

1　地球温暖化の救世主？

二酸化炭素の収支を考えてみよう

ケナフが温暖化を防ぐ理由として、「ケナフは二酸化炭素をよく吸収するので、二酸化炭素の削減に役立つ」という説明が持ち出されますが、この論理には重大な間違いがあります。「二酸化炭素の吸収」と「二酸化炭素の削減」は別物なのです。

二酸化炭素の削減には、吸収した二酸化炭素が分解されにくい形（例えば、木材やサンゴなど）で蓄積される必要があります。地球上に生命が誕生する前、原始大気には今よりはるかに多量の二酸化炭素が存在していました。サンゴがそれを炭酸カルシウム（石灰分）に変えたりするような生物の営みにより、大気中の二酸化炭素は徐々に減少し、生物がすむのに適当な環境を自らつくり上げていきました。今日、化石燃料（石炭、石油、天然ガス等）の燃焼で大気中の二酸化炭素濃度が上昇していますが、これは太古の生物が体内に固定し地層の中にため込んだ炭素を、再び放出しているわけです。

一年草のケナフは、もしそのまま放置されると、冬には枯れます。そうすると、吸収した二酸化炭素は分解されて、再び大気に戻ってしまいます。長い時間二酸化炭素を固定しようと思えば、紙などに加工する必要があります。紙をつくるときには、通常の方法では、まず繊維を柔らかくするために長時間煮込まないといけません。工場等で産業的に紙を製造するときには、工場まで運搬する必要があります。運搬にはエネルギーが必要です。

このように、運搬や製紙の段階で、化石燃料を使わなければいけないので、その分だけ二酸化炭素を放出することになります。

また、日本の場合、収穫は年一回で、必要なときに必要なだけ利用するためには保管場所が必要です。保管するとき温度や湿度を調整しますので、経費とエネルギーが必要です。さらに、紙という資源は数回は再生されるかと思いますが、再生にもエネルギーが必要で、最終的には、（図書として保存されるもの、トイレットペーパーに再生されたものを除いて）焼却処分されているのが現状です。トイレットペーパーとして利用され放出されたものは下水処理等が行われますので、薬品とエネルギーを必要とします。

このように、ケナフを栽培して、それから紙をつくる場合、二酸化炭素の吸収・排出のバランスで考えると、逆に二酸化炭素を放出し、地球温暖化を促進する方向で加担していると言えそうです。もちろん木材パ

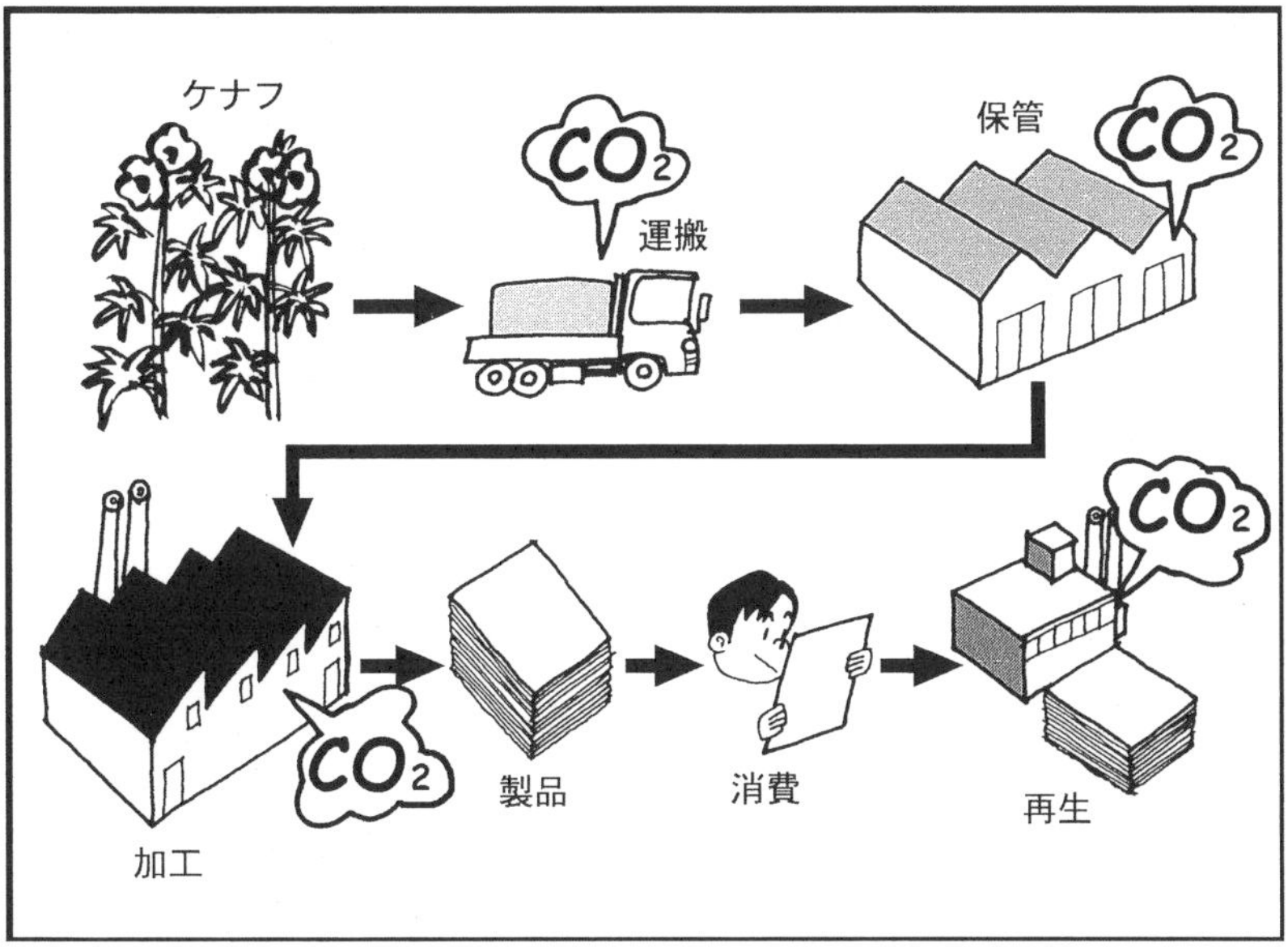

ケナフが固定した以上の二酸化炭素が、運搬や製紙過程の各段階で放出されていく。

ルプでも同じことが言えますが、まだ木材パルプのほうが製紙段階で消費するエネルギーは少なく、添加する薬剤も少ないようです。したがって、地球温暖化対策という観点で考えると、ケナフを栽培し紙をつくっても、何もメリットがないことになります。

なお、髄《ずい》の部分は、工業的には製紙の原料とすることが可能ですが（紙質は落ちます）、個人的な利用としては紙の原料に向いていません。以前は焼却処分されることが多かったのですが、それでは元も子もありませんので、工夫・研究された結果、良質の炭となることがわかりました。炭を利用する場合、地球温暖化対策を強調したいのであれば、当然ながら燃やしたらダメです。水質改良材等の利用であれば、許容範囲でしょうか。ただ、炭をつくる過程でかなりのエネルギーを消費し、二酸化炭素を放出します。

このように、ケナフは加工すればするだけ、二酸化炭素を放出します。その点、森林ならわざわざ紙や炭に加工しなくても、吸収した二酸化炭素を幹や枝に長い期間蓄えることができます。そこにあるだけで、二酸化炭素の削減に役立つのです。一年だけで比較すると、ケナフの成長量のほうが多いかもしれませんが、発達した森林とケナフ畑を比べると、森林のほうがはるかに、炭素貯蔵量は大きいのです。したがって、森林面積を増やしたほうが二酸化炭素削減には役立ちます。そういう意味でケナフは森林の代わりにはなりません。

もし、雑木林や学校林を伐採してケナフ畑にすれば、それは大気中の二酸化炭素を増やしていることになります。二酸化炭素の吸収がよいことが、二酸化炭素の削減には結びつかないことを理解してほしいと思います。

最近になって、推進派の人たちも、「森林ができない場所にケナフを植えましょう」と発言するようになっています。

土壌浸食についても考えよう

大気中の二酸化炭素濃度が上昇している原因は、化石燃料の燃焼と森林の減少です。ケナフがたくさんの二酸化炭素を吸収しても、そのままでは二酸化炭素の削減につながらないことは、すでに述べたとおりです。

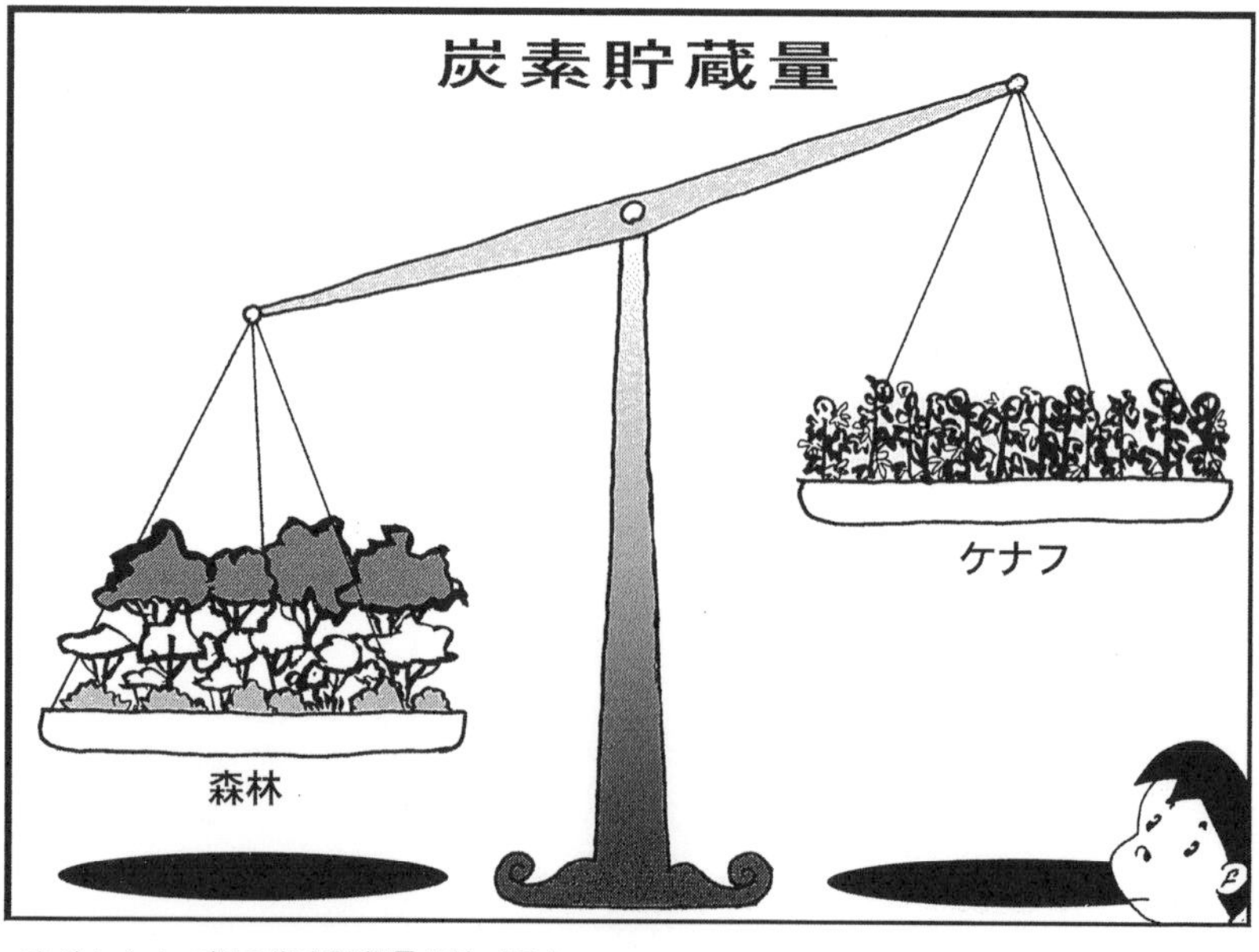

森林とケナフ畑の炭素貯蔵量を比べると……

しかし、少し視点を変えると役立つ場合があります。それは、ケナフを何も加工せずに（乾燥させるだけ）、燃料として燃やすことです。化石燃料の代わりにエネルギー源とするのです。化石燃料の燃焼は二酸化炭素を増加させるだけです。それに対しケナフは、自らが吸収した二酸化炭素を放出するだけで、プラスマイナスゼロです。二酸化炭素の削減にはなりませんが、化石燃料を使わない分、二酸化炭素の増加を抑えることができます。

また、熱帯林減少の要因のうち、地元民が燃料として伐採している分が意外と大きなウエイトを占めています。ここでも、ケナフを燃料として利用すれば、いくらかは森林伐採が防げるかもしれません。

ただし、ケナフの場合、土壌浸食が起こることに充分注意が必要です。農作物の過剰な生産で、地力が落ち土壌が劣化することはよく知られています。熱帯林は森林としての生産性がたいへん高いので、その土壌はとても肥えていると考えられがちですが、実際はたいへん貧弱で、日本の森林よりも土壌が薄いと言われています。高温多湿で有機物（木の葉や枝など）の分解が速いためです。植物はそれを速やかに再利用しているわけです。そのような土地に、成長が速く高い生産性を誇るユーカリの植林が盛んに行われています。しかし、その高い生産性が災いして、土壌浸食が起こり、砂漠化が広がっています。地元では、ユーカリの植林に反対する声が上がっているところもあるそうです。ケナフの生産性も肥沃な土壌あってのものですから、いつまでも利用できるとは考えにくいのです。

2　森林破壊を止められる？

ケナフと森林で収穫量を比べてみる

ケナフは、「パルプの年間収穫量はアカマツの五倍」「光合成速度はエノキの五倍」などと盛んに宣伝されていますが、これは最適な条件で栽培された場合、すなわち最大値です。現状は一・四～四・六倍といったところで、環境条件（気温・降水量・日射量・土壌条件等）によって数値は大きく変わります。また、後で述べますが、年間収穫量と長期的な蓄積量は異なってきます。

日本製紙連合会はインターネット上に公開しているホームページで、ケナフについてのQ&Aを提示しています。その中に紙の消費拡大と世界の森林資源についての解説があります。それによると、日本の製紙原料は約五五%が古紙で残りが木材パルプであること、木材パルプの原料は製材残材や細い木、曲がった木などの低質材が利用されていること、日本のパルプ原料の輸入先は約六七%が先進国であり、途上国からの輸入はそのほとんどが人工植林地で産出されたものである、と説明されています。

このとおりであるとすると、グローバルな環境問題である熱帯林破壊と日本における紙の消費拡大とはあまり相関がないことになり、非木材パルプであるケナフへの転換は意味がないことになります。

同じホームページに、ケナフから紙をつくる場合のコストは、木材の五~六倍であると示してあります。ケナフは一年草であるため栽培経費が毎年かかること、収穫は日本では年一回であるため保管場所が必要であること、木材チップに比べ重量当たりの容積が約三倍で輸送や保管の効率が悪いこと、ケナフは連作障害があるので広大な遊休地が必要なことなどが、その理由として挙げられています。

木材パルプから紙がつくられるようになったのは、せいぜいこの一〇〇年ほどです。それまでは、非木材資源が主流でした。生活水準の向上と産業構造の変化から紙需要が爆発的に増え、非木材資源では紙の需要に追いつかず、木材パルプに代わっていったという時代的経緯があります。ケナフなどの非木材資源を見直そうという声がありますが、毎日の生活の中から少しでも無駄をなくし、紙の消費を抑えるような取り組みのほうがはるかに現実的です。そうした努力をしたうえでの非木材資源の開発であれば、効果が出てくるでしょう。ただし、大手企業では一工場で年間一〇〇万トンの生産を上げるように装置そのものが大型化し、少量の非木材に対応していないという現実問題もあるようです。

ケナフ協議会の稲垣氏は、日本製紙連合会の見解に対し、「一トンのケナフ紙は一トンの木材パルプ紙に相当するわけで、それに伴って森林の伐採を少しでも妨げることは、小学生の算術でもできることです」と反論しています。また、「ケナフが二酸化炭素を吸収し、また紙を作ることで森林が守られれば、二重に二酸化炭素削減に貢献できる」とも主張しています。果たして本当にそうなのでしょうか。

そこで、同じ面積の土地にケナフを植えた場合と樹木を植えた場合で、五〇年間という時間的スケールで考えると、どちらがより二酸化炭素吸収に貢献するかを計算してみました。

ケナフの収穫量は文献により五～二〇トン／ヘクタール／年、とデータに大きな幅があります。『広島ケナフの会』の御意見番で、『世界のケナフ紀行』の著者である勝井徹氏は五・八トン（乾燥重量）／ヘクタールという数字を出しておられます。このくらいの数字が妥当なところかと思いますが、ここでは一〇トン／ヘクタールとします。

森林の現存量は、R・H・ホイッタカーによると、常緑広葉樹林で三五〇トン（乾燥重量）／ヘクタールとなっています。これは極相林（最終的に安定した森林）の数字で、木材生産を五〇年周期とした場合、その八割程度に成長していると考えられますので、二八〇トン／ヘクタールになります。ケナフと木材からパルプがとれる割合は、それぞれ四四％、五〇％と言われています。すなわち、ケナフが四・四トン／ヘクタール、森林が一四〇トン／ヘクタールです。

森林の場合、五〇年に一回伐採するわけですから、ケナフも五〇年栽培を続けた場合を考えます。ただし、ケナフには連作障害がありますから、それを避けるために、最低一年間は畑を休ませる（あるいは別の作物を作る）必要があります。そう考えると、ケナフは五〇年で二五回収穫できることになります。したがって、ケナフは四・四トン×二五＝一一〇トンとなります。すなわち、一ヘクタールからとれるパルプの量は五〇年間でケナフ一一〇トン、森林一四〇トンとなり、森林のほうが効率がよいことになります。

釜野氏は、著書『地球にいいことしよう！　ケナフで環境を考える』あるいは『ケナフには熱帯林を救える力がある』の中で、同様な試算をしています。それによると、ケナフの二酸化炭素固定量は熱帯多雨林の最高値の五・四倍となり、私の計算とは逆になります。熱帯多雨林の数値は、私と同じホイッタカーのデータを使っていますので、ケナフの数値が異なることになります。

釜野氏はケナフをプランターで水耕栽培し、常時一定濃度の無機養分（液肥）を追加して、ケナフの成長量を測定しています。さらに、ケナフは理論上三〇センチ間隔の植栽が可能、すなわち一ヘクタール当たり九万本のケナフが栽培できると仮定して、単位面積当たりの一年間の成長量（純生産量）を求め、熱帯多雨林と比較しています。

この計算には、二カ所問題点があります。

まず、水耕栽培のケナフと熱帯多雨林を比較していることです。水耕栽培をすると、同じ植物を路地植えしたときに比べて、数倍から数十倍も成長することが知られています。例えば、トマトが木のようになり、一本から数千個の実を収穫することに成功していいます。ケナフはもともと極めて成長がよい植物ですから、そこまでは違わないとしても、密植して同じように成長するのか、畑でも充分な肥料が供給できるのかなど、検討すべき課題はたくさんあると考えられます。単純に面積をかけただけで、畑で栽培したものとすることはできません。比較する土台に、まず無理があるのです。

二点目は、成長量を単年度で比べたときと、長いスパンで比べたときで結果が異なることです。私は五〇年を一つのスパンとして計算しました。先に述べたとおり、成長が速いからと言って、それが二酸化炭素の削減（蓄積）につながるとは限りません。あるいは、ケナフを栽培したものの、数年で土壌浸食が起こり、放棄しなければならないような話になりません。成長が速く高い生産性を示す植物には、常にその危険がつきまといます。また、ケナフに連作障害があることも考慮すべきことです。

このように、実験室の結果をそのまま拡大しても、現状を反映することにならないわけです。

また、ケナフの高い成長量を維持するためには、高肥栽培が必要です。肥料の製造過程でかなりの二酸化炭素の放出がありますし、ケナフを長年育てた畑は土壌が劣化し、農地として不適になることもあるようです。長い目で見ると、ケナフを植える土地があれば、木を植えたほうが二酸化炭素の削減には役立つと言えそうです。ただし、森林ができないような土地（例えば乾燥地）でケナフが育つのであれば、ケナフを栽培する意味が出てきます。

なお、ケナフ協議会の後藤英雄氏は、「ケナフ協議会として『ケナフが森を救う』と発言した覚えはありません」と述べており（八一ページ参照）、稲垣会長の発言と食い違っています。

まず取り組みたいのは、リユース・リサイクル

地球規模の森林減少の大部分は熱帯林の減少ですが、その主要因は薪炭材の利用・焼畑農業・牧草地への転用です。日本は過去に熱帯林伐採の推進国として非難されたことがあり、今日なお木材輸入量では世界一です（主に建築用材）。

木材やパルプは海外から輸入しているのに、日本国内の林業は廃れる一方です。重労働の割に収入が少ないために、山仕事をする人が年々減少し、高齢化しているからです。しかし、日本の人工林を健全にするためには間伐をする必要があります。その間伐材からパルプをつくることはたいへん意味があります。

また、今日の大きな社会問題として、建築廃材の不法投棄があります。日本の住宅には、木材が大量に使われていますので、廃材をパルプ化して利用することも一つの方法です。二つの環境問題が軽減できるわけですが、コストの問題があってなかなか具体的な声は聞こえてきません。

しかし、一九九七年四月から施行されている容器包装リサイクル法や、二〇〇一年四月から施行された家電リサイクル法からもわかるとおり、時代は確実に省資源・省エネルギー、そしてリユース・リサイクルの方向に動いています。パルプに関しても消費者が少しずつコストを負担して、環境に与える負荷を軽減するシステムづくりが急がれます。このような努力によって森を守り、同時に植林を進めることが、地球温暖化対策には有効と考えられます。

3 水質汚濁の特効薬？

ケナフの利用方法として、いかだにさして水上栽培すれば水質浄化に役立つという報告があります。ケナフに限らず多くの植物で、畑で栽培するより収量が多くなるという研究報告があるようです。中国ではイネをいかだ栽培して、食糧増産に利用しているようです。日本でも、イネや野菜を栽培する試験研究が進められています。

日本の水辺はかなり富栄養化が進んでおり、その改善は急務だと思いますし、意義あることです。また、いかだ栽培は、これまでの研究から技術的には可能だと思います。しかし、問題点が二つあります。一つは先に述べた帰化の問題、もう一つは景観についてです。

一部の団体が、花がきれいな外来植物や栽培植物をいかだに植えて、修景に役立つと主張しています。都市公園の水辺にアクセント的に植える程度であれば、造園の延長線として異議を唱えるほどのことでもないのかと思います。しかし、自然の水辺では、周辺の風景とのミスマッチも甚だしく、慎むべきです。

日本人は基本的に農耕民族であり、稲作に根づいた生活をしてきました。田んぼに水が張られるとカエルの大合唱が聞かれ、それに続いてメダカやドジョウ、ナマズなどが遡上・産卵し、稚魚の生活の場となります。このような小魚をねらってタガメ、ゲンゴロウ、ミズカマキリ、タイコウチがやってきて、またカエルを狙ってヘビもすみつき、水辺はにぎやかさを増していきます。初夏になると、小川にはホタルが飛び交い、田舎の夏が始まります。生き物があふれる場所には、子どもたちの歓声が聞かれ、そこから様々な遊びも生まれました。

このような田園風景や水辺の風景は日本の代表的な原風景で、日本人の心のふるさとです。懐かしさを感じる心休まる風景に、いかだ栽培された華やかな栽培植物や外来植物は似合いません。そういう意味で、自然の河川やため池、掘割などの水辺に導入することは好ましくありません。

都市公園の場合であっても、帰化については細心の

生き物があふれ、にぎやかだった昔の水辺（上）と、コンクリート護岸され、外来植物がいかだ栽培される今の水辺（下）。私たちはどっちが好きなんだろう？

注意を払うことが最低限必要です。外来種による生態系の撹乱は、特に水辺で深刻です。種子で増える植物は特に注意が必要で、都市生態系にさらなる自然破壊を重ねないように注意する必要があります。

なお、単純に水質浄化のみを問題にするなら、ケナフよりはシュロガヤツリが効果的です。シュロガヤツリは水辺に栽培される多年生の観賞植物です。アフリカ原産で、古い時代に日本に持ち込まれました。堀端などに植えられているものは八〇センチ程度ですが、条件がよければ二メートル前後になります。

いかだ栽培を行った場合、ケナフだと四〜五メートルにもなりますので、管理するのに相当苦労します。また、一年草ですから、毎年同じ作業をくり返す必要があります。シュロガヤツリは、高くても二メートル程度ですし、多年草ですから、定期的に刈り取りをすることでくり返し利用ができます。また、シュロガヤツリも丈夫な繊維がとれ、紙すきに利用できます。

水質浄化能力という視点だけで言うとシュロガヤツリは有用ですが、外来種ですから帰化の心配がありますす（ケナフよりも日本の気候に適応しています）。実際

水辺に植えられる観賞植物・シュロガヤツリ。洪水のときに流出してしまうことも多く、写真は河川中州に野生化していたもの

に、逃げ出して野生化しているものを見かけることもあります。景観上も問題があります。

日本の水辺には、ヨシやマコモをはじめとするたくさんの水草が生育しています。特にヨシには大きな水質浄化能力があることがわかっていますし、琵琶湖では「ヨシ群落保全条例」を制定して（平成四年）、水際のヨシ群落を保全しています。私自身も家庭雑排水が一〇〇メートルほどのヨシ群落の中を流れただけで、その下流からたいへんきれいな水が流れ出るのを目撃したことがあります。

また、霞ヶ浦ではヨシ群落を復活させる前段階として、昔群生していたアサザ（一二五ページの写真参照）という浮葉植物を植栽し、湖岸を安定させるのに成功しています。アサザがないと押し寄せる波のために湖岸が浸食し、植栽したヨシが流出してしまうためです。

アサザには、これを食害する昆虫（葉虫）がいるのですが、それ以上にアサザの成長量が大きく、二週間程度で葉がすべて入れ替わっているというデータがあります。アサザがどんなに水中の栄養塩類を吸収し繁茂しても、そのままそこで腐ってしまっては水質浄化には役立ちません。しかし、昆虫が葉を食べて、その有機物を陸上に運ぶことで、水中の栄養塩類を除去することに役立っているのです。自然が自ら持っている浄化能力です（鷲谷いづみ・飯島博 編『よみがえれアサザ咲く水辺～霞ヶ浦からの挑戦』、文一総合出版）。

このようなことは特殊な例ではなく、自然がふつうに備えているしくみです。水辺に木の葉が落ちるとそれを食べて水生昆虫が育ちます。水生昆虫が羽化すると、有機物を陸に戻します。水生昆虫の多くは魚に食べられてしまいます。その魚を水鳥が食べて陸に持ち去ります。このように、自然は食物連鎖（循環）という形で自浄作用をしているのです。人間は、自然から学ぶことがまだまだたくさんあるようです。

4　土壌を改善する？

『夢、ケナフ』（鶴留俊朗 著）には「ケナフには、毒性や花粉症の害や自然繁殖による農作物への影響などの問題はありません。逆に数年の連作でも肥料がいらず、土壌を回復させるなど環境浄化へのメリットも多い優良植物です。」とあります。しかし、後半部分はケナフの特徴からはとても考えられないことです。

ケナフは一年間で四〜五メートルも成長するのですから、二酸化炭素を盛んに取り込むのと同様、相当な勢いで土壌から無機栄養分を吸収するはずです。二酸化炭素と水だけであれば、炭素（C）、水素（H）、酸素（O）の三元素しか供給できません。植物の成長にはそのほかに、窒素（N）、リン（P）、カリウム（K）、硫黄（S）、マグネシウム（Mg）、鉄（Fe）、亜鉛（Zn）などが必要で、以上の一〇元素は植物の成長に不可欠な必須一〇元素と呼ばれています。

この中でN、P、Kは自然界では特に不足しやすく、肥料はこの三元素のバランスを考えてつくられ、肥料の三要素といわれています。さきほど述べた水系の富栄養化とは、特にNとPが水中に増えることを言い、それがもとで特殊な植物プランクトンが増殖し、赤潮やあおこの発生となります。

農作物の生産はまず土づくりから始めることは、よ

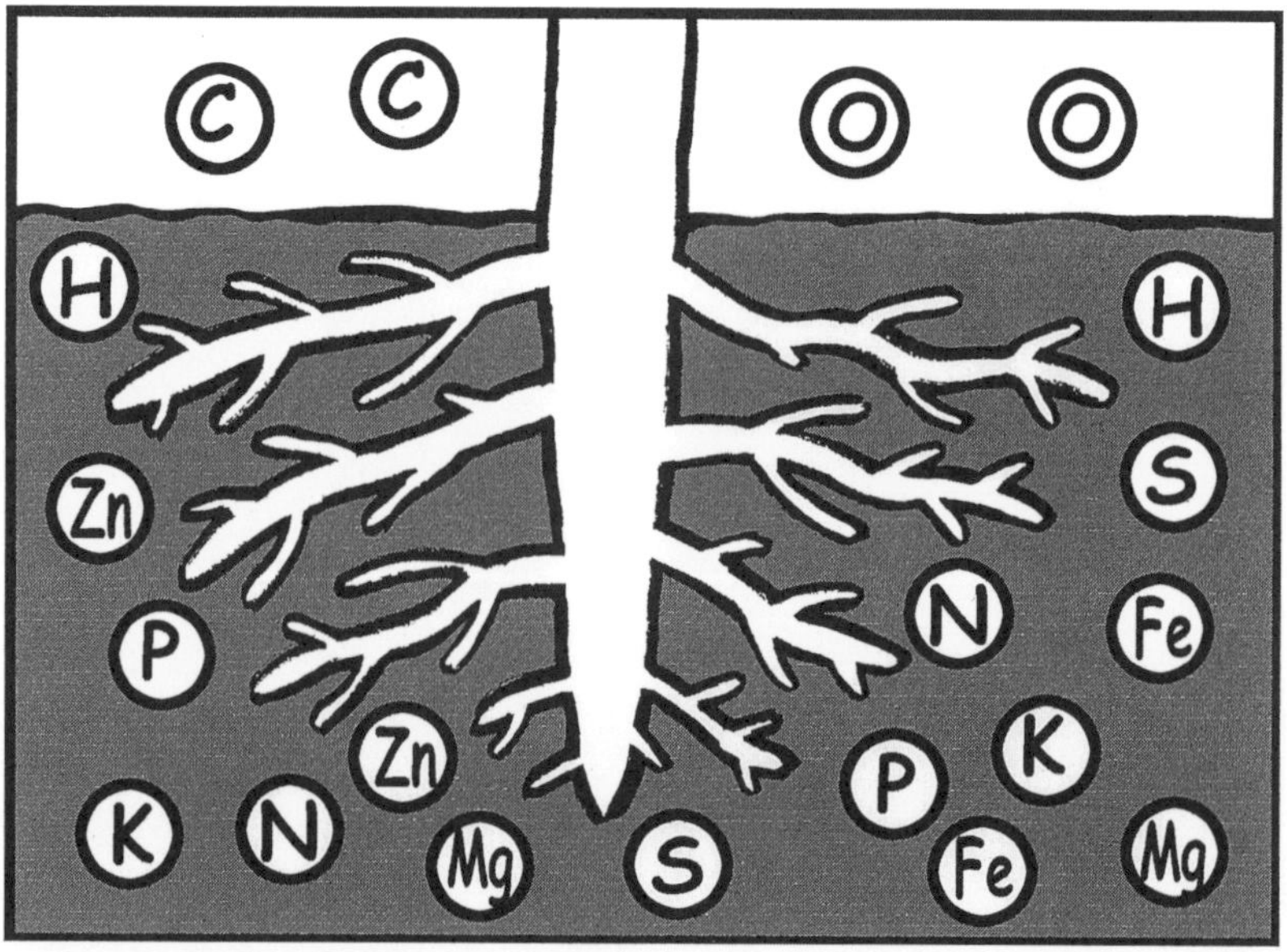

土から相当な勢いで無機栄養を取り込むことによって、ケナフは急速に成長していく

く知られたことです。元肥、追肥と地力を保つために、時期を考えた仕事があります。その技術は経験であり、語り伝えられてきたお百姓さんの知恵です。

近代農業が、化学肥料に頼りすぎて、多肥料多収穫の農業を継続してきたために地力が落ち、農作物そのものもまずくて栄養がなくなってしまったことは、かなり以前から指摘されています。消費者の本物志向、健康志向から、昔ながらの有機農法が徐々に広がりつつあります。ケナフの成長力は、土壌の力（地力）を弱めることはあっても、土壌改善に役立つことは理屈上考えにくいものがあります。

しかし、休耕田にケナフを植えてみたところ、翌年は例年以上にイネが豊作だったという報告があります。ケナフは成長すると四〜五メートルにもなりますが、それだけ根も深く張ります。そのしっかりした根が土壌を深耕して、イネの栽培に好影響を与えたと考えられています。また、今の農地は肥料を注ぎ込みすぎているので、一年くらいなら無肥料のほうが生育がよくなるという指摘もあります。

しかし、多くの農作物でそうであるように、ケナフにも強い連作障害があること（これは、根に寄生するある種のセンチュウの影響と考えられています）が知られていますので、何回もこのような効果が期待できるわけではありません。

『ケナフの絵本』（千葉浩三 編）には、「たくさんの養分を吸いこんで、ぐんぐんと大きく育つケナフには、土の中の水をきれいにする力もあるんだ。水に含まれるチッソやリンを養分として吸い上げて水を浄化するんだ。アシよりも優れた浄化能力があるといわれているよ。」という記述があります。水質浄化なのか土壌浄化なのかが混乱している感じがしますが、最後に「アシ（ヨシ）」が引き合いに出されていることから、水辺に植栽した場合の浄化能力と判断できます。

浄化能力がどの程度あるかは別にして、この記述は在来の生態系に及ぼす悪影響についての配慮が欠如していると言わざるを得ません。日本の生態系の中で、水辺は最も絶滅危惧種が集中している場所で、外来種の排除が急がれる場所なのです。琵琶湖のヨシを刈り取ってケナフを植えようという声もあるようで、たいへん危険な発想と言えます。

日本の水辺は絶滅危惧種が集中している場所。そこに、ホテイアオイ、ブラックバス、ライギョ、ウシガエル、アメリカザリガニなどの外来種が追い打ちをかけている

なお、『夢、ケナフ』には、「炭にして田や畑にまけば土壌改良剤としても使えます」「芯はチップにして土壌改良剤として利用できます」と紹介されています。この利用法であれば価値があると思われます。

5　ケナフをめぐる様々な議論

ケナフとケナフによる活動が急速に広がるとともに、異議を唱える人たちも出てきました。二年ほど前から活発な議論が行われています。

インターネットにおける議論

情報検索のサイトを利用して、「ケナフ」をキーワードにホームページの検索をかけると、万を越すページが引っかかってきます。すでに、それくらいインターネット上に情報はあふれています。そのほとんどは、ケナフの活用に関する内容で、数的には学校のホームページの中で取り上げているものが最も多いようです。次いで、ケナフを中心に活動しているＮＰＯや環境ＮＰＯのホームページ、そして企業のホームページです。

　インターネットの中で最も活発に議論が行われているのは、「広島ケナフの会」ホームページの中に設置している「ケナフ掲示板」です。インターネットができる環境があれば、だれでも意見を言うことができます。ケナフについての疑問・質問を掲示板に書き込めば、それが瞬時に掲載され、日本中どこからでも（もちろん日本語がわかれば外国からでも）その議論に参加することができます。

　場合によっては、ある書き込みについて一日で一〇件以上の反応があることもあります。もともとは、ケナフの活用について意見交換・情報交換する場所だったと思われますが、最近ではケナフの問題点についても議論されるようになっています。

　また、インターネット上には、メーリングリスト（ＭＬ）と呼ばれる情報交換の場があります。ＭＬには管理者がいて、そこにメールを送ると、管理者からＭＬに登録されている会員全員にそのメールが配信される

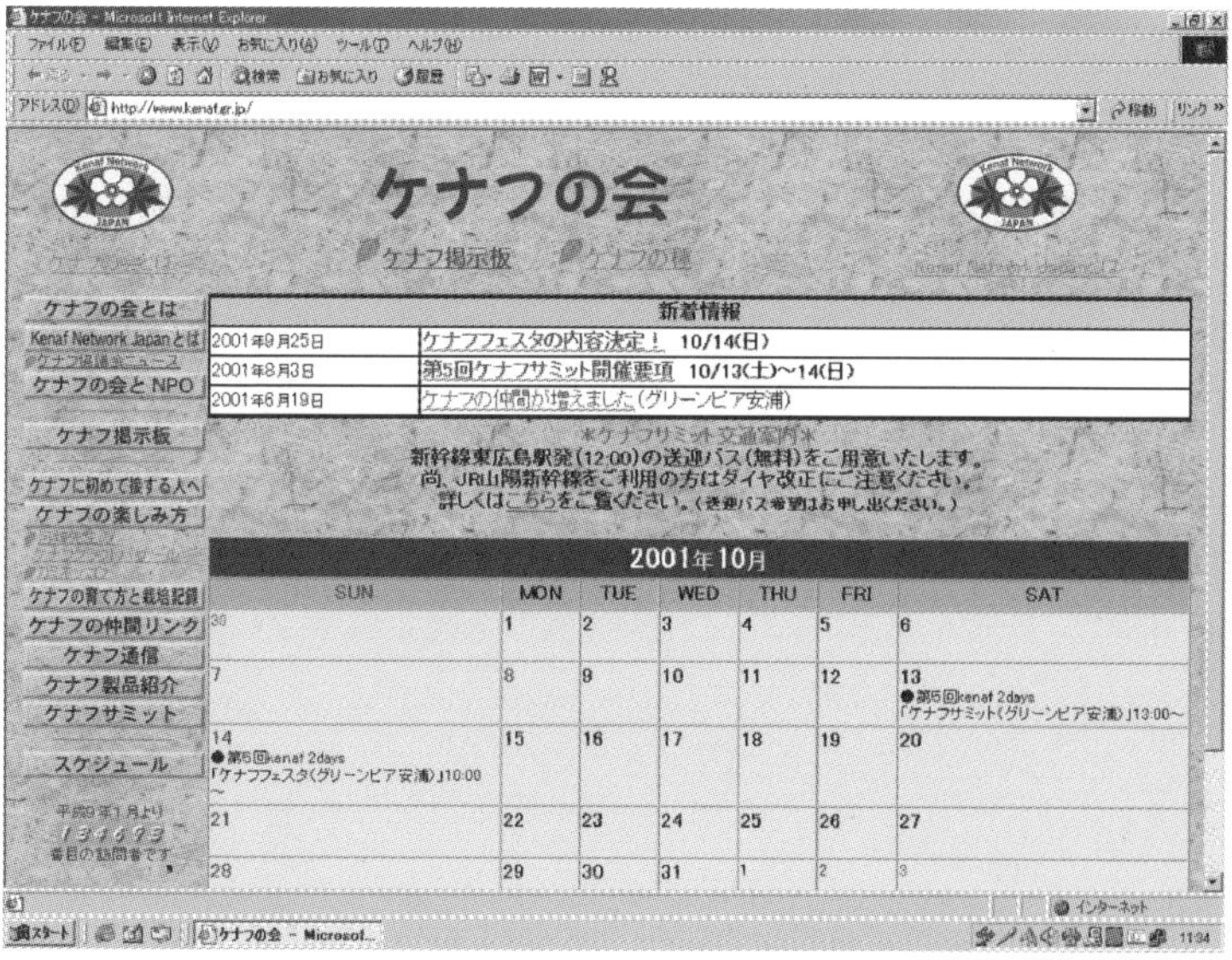

「広島ケナフの会」ホームページ。「ケナフ掲示板」で情報交換や議論が行われている
（出典　http://www.kenaf.gr.jp/）

というしくみです。

例えば私は、生態学関連、生物教育関連等のMLに加入していますが、その分野の専門家が日本中から参加しており、専門的に知りたいことがある場合にそこにメールを入れると、早ければ一時間以内に返事をもらえることがあります。もちろん、返事を書く書かないは全くの任意ですから、参加者の善意に支えられています。生態学関係のMLでは、「ケナフの帰化、生態系への影響」についての話題が時々載ります。

なお、ホームページ上で、次のような議論も行われました。

◎「ケナフが森を救う」というのは本当ですか？

（日本製紙連合会、URL http://www.jpa.gr.jp/ ）

ホームページの「エコプラザ」の中に、次のような文章があります。

> 「森を守るためには在来の木材紙に代わってケナフ紙を使うべきだ」と言う声が高まり、その栽培運動も始まっています。私ども製紙産業としても、ケナフ紙の研究をかなり前から続けており、また、少量ではありますが、実際に生産も行っております。
>
> しかし、ちょっと待ってください。ケナフが本当に森を救ったり、木材紙以上に地球温暖化の防止に役立ったり、木材紙に大きくとって代わる力量を持っているのかどうか、まず、冷静に考えて見るべきではないでしょうか。
>
> 実は、この問題については、最近の新聞やテレビなどの報道の中にも、誤解や一方的な思い込みに基づいているため、社会一般を誤導しかねないものがかなり増えています。

このあとケナフについての「Q&A」が載せてあります（Qは原文通り、Aは要約）。

Q1　ケナフは非木材だそうですが、非木材繊維を原料とするパルプはどのくらい生産されているのですか？

↓Ａ　世界のパルプ生産量(八一九〇万トン)の一一％（一九三〇万トン）に相当（一九九七年)。そのうち八〇％以上を中国が生産。

Ｑ２　紙の消費の増大は、世界の森林を減少させているのではないですか？

↓Ａ　開発途上国における森林減少の原因は、薪炭材の利用、焼畑農業、牧草地への転用などで、紙の消費とは関係がない。先進国では、むしろ増加している。日本のパルプ原料の輸入先は、六七％が先進国からで、途上国からのものはほとんどが人工植林地で産出されたもの。また、「森林は再生可能な資源」の視点から、海外を中心に積極的に植林を行っている。

Ｑ３　「ケナフが森を救う」というのは本当ですか？

↓Ａ　Ｑ２の答えの通り、紙の消費と、森林の減少・荒廃とは無関係。

Ｑ４　ケナフは樹木に比べ二酸化炭素(炭酸ガス)の吸収力が四～五倍大きく、「地球温暖化防止に役立つ植物」と言われていますが本当でしょうか？

↓Ａ　二酸化炭素吸収量は、植物の品種、土壌、気象条件等によって異なる。海外でのデータでは、ユーカリの年間成長量（一一・〇ＢＤｔ／ヘクタール・年）はケナフ（一二・三ＢＤｔ／ヘクタール・年）とほぼ同等。ケナフは連作ができないため広大な遊休地を必要とし、長期的には小さくなる（注：ＢＤｔは乾燥重量を示す)。

Ｑ５　日本をはじめ先進国では、なぜケナフ紙の利用が少ないのでしょうか？

↓Ａ　生産コストが高く、安定かつ大量の供給が難しいため。

Ｑ６　ケナフ紙はなぜ高いのですか？

↓Ａ　①毎年栽培をするため生産経費がかかる、②収穫は年一回のため保管場所が必要、③木材チップに比べ重量当たりの容積が約三倍で、輸送効率が悪い、④原料からのパルプ収率(四四％)が木材パルプ（五〇％）より低い、⑤連作障害があり広大な遊休地が必要。以上から、日本の製紙工場でケナフパルプを製造するためのコストは、木材の五～六倍。

Ｑ７　現在我が国で生産されている木材パルプの一〇

%をケナフパルプに切り替えるとすれば、どのくらいの栽培面積が必要ですか？

↓A　日本の木材パルプ生産量は一一〇〇万トン（一九九八年）。その一〇%（一一〇万トン）をケナフで代替すると、原料が二五〇万トン必要（パルプ収率四四%）。必要な栽培面積は、二五〇万トン／一二・三トン（ヘクタール当たりの収量）＝約二〇万ヘクタール。連作を避けるために二年に一回つくると、その二倍の四〇万ヘクタールが必要。これは東京都の面積の一・八倍。

Q8　日本の製紙産業はケナフ紙の将来をどう考えていますか？

↓A　生産コストや安定供給の面から現実的ではない。

なお、ここでは省略しましたが、Q3の回答の中に、「『森林をすべて自然のまま手を付けずにおくのが地球環境のために最も良い』というのは、一見もっともらしく思われがちですが、一種の錯覚に過ぎないのです。真の意味で森林を保全するには、むしろ積極的に森林の育成に参加することが求められます。」という文章がありますが、これは間違っています。環境保全の観点からは、これは重要ですが、今日注目されている最も重要な価値は、多様な生物が生活している空間だということです。

人工林は原生林、自然林に比べると、数十分の一の生物種しか生活していません。原生林・自然林をつぶして人工林にすることは、単に生物相を単純にするだけでなく、人類が将来利用可能な遺伝子資源（医学や農学での利用）を失うことにもなります。また、生き物が豊かな優れた自然の中にいると、現代社会のストレスを忘れさせ、気持ちをリフレッシュさせてくれます。さらに、農業に必要な水を溜める力や、地表崩壊の危険性などでも、原生林、自然林のほうが格段に優れています。

◎「ケナフで森を救えない」というのは本当ですか？（ケナフネット、URL　http://kenaf.ne.jp/、「私たちはこう考えます」ケナフ協議会会長　稲垣　寛）

日本製紙連合会が公開したホームページに対する見

原生林・自然林では、多種多様な生物が生活している。それに比べ、人工林は数十分の一。同じ森林と言っても、中身はずいぶん違う

解、畠佐代子さんのホームページ「け・ke・ケ・KE・ケナフ?」についての意見が述べられ、最後に生態系に及ぼす影響について考察しています。

製紙連合会に対し、まず、「製紙業界のパルプ材輸入は先進国が主であるとしているが、過去には熱帯林からの輸入があり、南方諸国が木材の輸出禁止をしてから、先進国に変更した事実があること」「低質材と称しているが、輸入材木の四〇%を消費する製紙産業は森林への影響が非常に大きい」と指摘しています。そして、森林保全については、「一トンのケナフ紙は一トンの木材パルプ紙に相当し、それに伴って森林の伐採を少しでも妨げられる」と反論しています。さらに、コストについては、「一〇〇〇年以上の歴史を持つ製紙産業と、始まったばかりのケナフを比較することには無理がある」とし、「花から根まで完全利用することでコストを下げて」「高付加価値製品を開発し」「量産する製品は海外素材を利用する」ことで対抗することを考えているようです。

畠さんのホームページの内容については、かなり強い表現で批判しています。「勉強不足と学生グループなどの若い者にありがちな一方的に思い込みの激しい勝手な内容」「勉強不足のうえに自己主張が強く、学ぶ前に自分の考えだけが正しいとする質問や解釈」など、研究者らしからぬ感情的な批判となっています。

畠さんのホームページを見ると、確かに自己主張の強さを感じますが、内容は科学的で生態学的にも説得力があるものです。どこがどうおかしいのかを科学的に指摘し、科学的に反論しなければ、議論にならないと思います。

雑誌での議論

二〇〇〇年六~九月に、いろいろな雑誌でケナフに関する議論が取り上げられました。その要点を紹介します。

◎ケナフは〝植えてはいけない〟?――安易な栽培への警鐘(『科学』、二〇〇〇年六月号科学時事)

ケナフが注目されている理由として、「布・ロープ・製紙原料」「温暖化防止に役立つ」「森林パルプの代替」「環境教育の教材」などが挙げられるが、生態学研究者は「一年草のケナフは年内に枯れ、生物分解される」「活用されない部分が八〇％もあり、それは焼却されている」「平均的なケナフの収量はヨシに劣る」「タイやマレーシアでの栽培はアジアでの新たな環境破壊の温床となる」「運搬・保管のコスト、エネルギー、廃液処理を考えると環境に優しいとは言えない」と指摘している。特に重大な問題は帰化したケナフによる生態系の撹乱であり、日本でも発芽能力のある種子が収穫できるので、温暖な南西諸島や小笠原諸島では帰化の可能性が高く、万一帰化した場合、これらの地方に生息する多くの希少種や絶滅危惧種に大きなインパクトを与えかねない。

◎ケナフは環境問題の改善に貢献しているか（『環境会議』、二〇〇〇年九月号）

ケナフの栽培、加工、利用を推進する意見の代表として後藤英雄氏（ケナフ協議会専務理事）と鮫島一彦氏（高知大学農学部教授）、それに反対する意見の代表として畠佐代子氏（大阪市立大学後期博士課程）と山本聡子氏（上越環境科学センター）に意見を聞いている。

推進する意見としては、「次世代の人類のために衣食住を確保する」「紙パルプ、繊維原料、ボード原料、家畜飼料、活性炭用、吸油材用など用途が広い」「環境教育の教材」などの特性が未来素材として期待できるとしています。また、「ケナフの配合割合が少ないにも関わらず『地球環境に貢献』とうたっている製品が出回っているのは不本意なことである」と述べており、またケナフの帰化については、「種をまいて放っておくと雑草に負けてしまい、トマトやジャガイモ、トウモロコシと同様、栽培植物のケナフが自然下で帰化することはありえない」と述べています。

反対派の意見としては、畠氏は「二酸化炭素をよく吸収するからといって温暖化を防止するとは言えない。一年草のケナフは一年たったら枯れて土に戻る。製紙する過程で、化石燃料の使用により二酸化炭素が発生するため、それを差し引いてケナフの貢献度を評価すべき」「国土の狭い日本では、森林パルプの代替になるほど大規模な栽培は不可能」「ヨシを刈り取ってケナフを植える提案があるが、それはそこにすむ野生動物の隠れ場や繁殖場所を奪うことになる。行動範囲が狭いカヤネズミなどの地域的な絶滅もあり得る」と述べている。山本氏は「環境教育で重要なのは『人は人だけで生きているのではなく、物事はすべてつながり影響し合っていること』を認識させることである」「コストが高くつくケナフ栽培より、資金がなくて放置されている人工林や雑木林の手入れをして木材を収穫したほうが、日本では価値が高い」と述べています。

◎ケナフの誤解――温暖化防止に役立たないむしろ自然環境を破壊する、森林総合研究所森林環境部植物生態科長　堺田　宏（『サイアス』、二〇〇〇年九月号）

＊推進派が利点として掲げる「二酸化炭素吸収による地球温暖化防止」「木材パルプに代わり、森林保護につながる」「環境教育の材料として優れている」の主張は全く的外れであり、むしろ森林をないがしろにして、日本の自然環境を破壊する行為である。

＊ケナフのような草本植物や農作物は、どんなに二酸化炭素を吸収しても、一年以内で放出され、蓄積する機能はない。一トンのケナフと一トンの木材の根本的な違いをきちんと認識すべきである。

＊一年生植物、一〇年で収穫する早生樹（ユーカリ、アカシアなど）、一〇〇年で収穫する郷土種（自然林）を一〇〇年分の合計で比較すると、郷土樹種の成長が最もよくなる。また、ケナフや早生樹種の高い生産性を維持するためには、多量の肥料が必要で、肥料生産過程で放出される二酸化炭素量を差し引く必要がある。

＊森林保全の最大の理由は、そこにすむ生物の種類が多いことにある。人工林は自然林の数十分の一に過ぎないが、それでも人工林をつくるのは建築材の収穫率が何倍も高いからである。針葉樹人工林をつくるほうが面積が少なくてすみ、その分、自然林を残すことができる。

＊現在の日本の生物にとって最大の脅威は帰化生物であり、緑化よりも植えないことが自然保護の基本である。フジバカマを絶滅に追いやるヒナゲシやカラシナの花畑、メダカのすみかを奪うカダヤシの放

流と同類の行為である。

＊環境教育の一環として子どもに紙作りの経験をさせるのであれば、伝統産業であるミツマタやコウゾによる和紙づくりを、地域のお年寄りから学ぶことを勧めたい。

◎ケナフと環境教育——本当の環境教育とは（『科学』、二〇〇〇年九月号）

「読者からの手紙」に投稿された上越市の山本聡子氏の文章である。環境教育の中でケナフがどう活用されているかを分析し、環境問題の正しい理解が育っていないことを指摘している。そして「教育として必要なのは、問題に対処するために必要な情報を手に入れ、対策を立てる能力を身につけさせることである」として、対処療法的なケナフ栽培を批判している。

◎「ケナフが森を救う」は、ウソだ、いやホントだ（『通販生活』夏の特大号、カタログハウス）

日本製紙連合会が、「ケナフが森を救うというのは本当ですか」と自社のホームページで投げかけた（一九九九年十一月）のに対し、ケナフ協議会の稲垣会長は「ケナフで森が救えないというのは本当ですか」と応戦した（二〇〇〇年一月）（七四～七八ページ参照）。

環境のためにはどちらが優しいのか、今後の紙原料は何に頼ったらよいのかを、両会の代表に聞いている。

日本製紙連合会の尾崎氏は、ケナフの普及に異論を唱えるつもりはありませんと断ったうえで、「ケナフを利用すれば、環境保全に役立つ」という誤った認識や、「紙消費の増大は森林の減少につながる」といった偏見を改めるためにホームページに掲載した、と述べています。

また、「日本国内でのケナフの栽培については、土地の確保や輸送コスト、保管場所、パルプ化のコストを考えれば、将来的にも困難です。」と自らケナフの研究を行った経験から述べ、ケナフの活用法についても言及しています。

ケナフ協議会の後藤氏は、まず、ケナフ協議会として「ケナフが森を救う」という発言をしたことはないと述べています。将来的にも増加すると思われる紙需要の増加分をまかなうくらいに期待しているとし、今後どんな分野で特長を出せるかを考え、技術的に改良が進めば、生活に浸透し、安価で供給できるようになるとしています。

また、ケナフの配合割合が少ない商品に「地球環境に貢献」をうたった過大広告がなされている現実を改善するために動き始めているようです。最後に、「木材紙の原料は製材端材だから森を破壊していないという主張には納得できない」との意見を述べています。

ケナフサミット（広島県安浦町）での議論

二〇〇〇年十月十四日、広島県安浦町で行われた第四回ケナフサミットに参加しました。私の印象と感想を交えながら紹介します。

まず、広島ケナフの会代表の木崎秀樹氏が、開会の挨拶を行いました。その中で、たいへん印象的だったのが、「我々が予想していた以上にケナフが広がってしまい、ケナフをつくりすぎたので引き取ってくれないかという相談が増えてきた。先のことを考えないケナフ栽培は環境に優しいとは言えず、かえってケナフの印象を悪くし、困ったことだ」という主旨の発言です。

私は、ケナフの会の人たちは、ケナフを広めることに懸命になっているという印象があったので、意外でもあり、好感を感じたところでもありました。最近の情勢を見ると、ケナフに愛着がない人もブームに乗って栽培を始めている印象で、そのような人たちが所かまわず植えてしまうのではないかと心配です。

当初のプログラムにはありませんでしたが、ケナフの帰化の可能性についての議論が何回か行われました。数人の演者が帰化の可能性はないという発言を（科学的な説明なく）くり返していました。それに対しフロアからは時折、帰化の可能性を危惧する質問が出ていましたが、全く関係がない回答をし、質問には何一つ答えていませんでした。おそらく良心的な地域おこしグループの関係者は不信感を覚えたのではないでしょうか。

（1）稲垣寛ケナフ協議会会長の開会挨拶

稲垣氏は、畠佐代子さんが指摘したアメリカフロリダ州での帰化情報について、畠さんの情報は確認できないことがわかったと説明しました。具体的には、「アメリカケナフ学会にも所属するフロリダ大学の研究者から、つい最近公式な書簡をもらった。その研究者が帰化情報を発信したKさんに直接会って話を聞いたところ、それは三十年も前のことで、その場所が今日どうなっているのか、それ以前にその場所がどこだったのかさえ現在ではわからない」という内容だったそうです。

畠さんの情報も稲垣氏の情報も私自身確認できる内容ではないので、ここではこのような議論があったことだけを紹介しておきます。なお、この議論については、その後畠さんのホームページとケナフ協議会のホームページに手紙の原文が掲載され、くわしく説明されています。

（2）ケナフ国際シンポジウム広島の報告より

ケナフサミットに先立って前日（十月十三日）国際シンポジウムが開催されたようで、パネリストと思われる数人の方から、それぞれの国の言葉あるいは日本語で挨拶や研究報告がありました。その中で中国出身の程《テイ》舟さんが、「日本ではケナフは野生化しない」という報告をされていました。その論旨とそれに対する筆者の意見を示します。

（程氏）「ケナフがもし野生化するとしたら、それは雑草になること。雑草になるためには次の五つの特性を持つことが条件となる。

①広範な攪乱環境に適応する
②成長が早い
③農作業に適した発芽特性をもつ
④高い種子生産性がある
⑤効果的に拡散をする

ケナフは夏場の旺盛な成長力から帰化の可能性が心配されていると思われるが、種子をまいてから最初の一カ月は二〇センチしか成長ができず、野生化したとしても成長初期に他の植物との競争に負けてしまう。それは、栽培してみればすぐにわかる」

まず、論点のスタートに間違いがあります。それは帰化する（野生化する）ことと雑草になることを同じと見ていることです。雑草とは、田んぼや畑のような人間の生産活動の場に、好まれず侵入する植物のことです。少し拡大して、学校のグラウンドや空き地などの生える植物を言うこともあります。帰化植物とは、明治以降に外国から人為的に持ち込まれた植物を指し、その多くは雑草化しますが、イコールではありません。在来の雑草もたくさんあります。ただし、これは重要なことではありませんので、本論に入ります。

程氏が示した五つの条件は、まさしく帰化植物になりやすい条件に一致します（③が意味不明ですが）。第5章-2で紹介する代表的な帰化植物は、このような特性を確かに持ちます。

しかし、重要なことは、このような特性を持ち日本中で繁殖している帰化植物は種類的には一割以下で、大部分の帰化植物は特定の地域や環境に入り込んで、少しずつそこの生態系をむしばんでいることです。一種類が占める割合は決して高くはありませんが、それらが束になって在来の生態系にダメージを与えるのです。

帰化植物が怖いのは、人知れず侵入した植物たちが少しずつ在来生態系を侵蝕し、その総和で考えたときに顕著な変化が出ていることです。三〇年前、五〇年前と比べたとき、私たちの周りの風景はすでに劇的に変化をしているのです。ケナフはこのようなグループに入る可能性があり、それは雑草の特性に必ずしも当てはまりません。

また、ケナフの成長力ですが、最初の一カ月に二〇センチも成長すれば、一般の植物とそれほど遜色はありません。ケナフの種まきをする五～六月は、日本の植物群落もそれほど生い茂っている時期ではありません。特に野生化することを想定した場合、畑のように栄養過多ではありませんから、多くの植物の初期成長もゆっくりしています。したがって、程氏が言われていることは実情を正確につかんでいないものです。

なお、『世界有用植物事典』（平凡社）には、「インドに野生するものは栽培系統から野生化したものと考えられる」という記述があります。インドのような熱帯地方は、一年を通して日本とは比較にならないほど植物が繁茂します。そのような環境のもとでも野生化しているのであれば、初期成長の早い遅いは特に問題はないと思われます。また、熱帯では帰化があると明記してあることも注目すべき記述です。

話は変わりますが、大阪府教育センターの松田仁志氏は、小学校で植物の生育を観察する教材としてケナフに注目しています。生物教育関連の研究発表会で、「ケナフの芽生えの成長は光や肥料の影響がよく現れ、一週間の成長実験でも効果を捉えることができる」と発表しています。また、ケナフが理科の教材として有用な素材である理由として、「二五℃以上では種まきした次の日には一斉に発芽し、芽生えはよくそろっている」、「発芽二日後の芽生えは大きく、移植するために手で触っても傷が付きにくい」、「発芽後の成長が非常に早い」、「生育環境を変えるとその影響が成長に早く現れる」の四点を特記しています。教材植物としては初期成長が極めて早い植物と位置づけているわけです。

次に程氏は、「雑草の繁殖性を考えると、次の三点が必要条件である」と続けています。「①雑草は長年に

ケナフの芽生え。種子も大きいが、一斉に発芽し展開する子葉も見事である

わたり休眠することがあるが、ケナフは休眠しない。②雑草の繁殖力は種子生産の高さにあるが、ケナフは大きな種子を少数つけるだけで、発芽率も日本ではたいへん低い実態がある。③雑草は効果的な種子散布能力を持つが、ケナフの種子は羽根もなくその場に落下するだけ」というものです。

まず①の休眠についてですが、確かに落下してすぐに発芽する種子があります。しかし、多くの野生植物が発芽時期をずらし危険を分散させている（環境の悪化で全滅するのを避ける）ことを考えると、一〇〇％発芽するとは考えにくいです。すべて発芽してしまうと、予期せぬ環境の変化に対応できないからです。しかし、種子の休眠についてはまだ不明な点も多く、これから検討していく必要があると考えています。

②と③は一般論ではそれも言えますが、さきほども述べたとおり、雑草の特性を持つものだけが帰化植物になるわけではありません。実際に、イチビやエビスグサなど、種子が大きく種子散布能力が小さな栽培植物が、河原などで野生化している例が知られています。また、種子の発芽率は、種子がどの程度成熟しているかで変わります。ケナフの場合、栽培しているものは開花時期が遅くなる傾向にありますので、気温が下がって種子が成熟できないのだろうと考えられます。野生化した場合は環境に恵まれないために、早く子孫を残そうとし、早く花が咲いて成熟した種子がたくさん採れる可能性があります。これは実際に栽培実験で確かめています（四二～四八ページ）。

ここで紹介、議論した程氏の主張は、少し修正されたものが「ケナフ協議会」のホームページに掲載されています。程氏は栽培植物の専門家と思われますが、野生植物や生態系のことはあまりご存じではないと感じました。特に、野生植物の適応戦略や繁殖戦略の多様性が今日の複雑な生物社会を形成する要因になっていることについて、そしてその重要性について、あまり認識していないと思われました。

（3）基調講演「未来資源ケナフの可能性」

講演内容はケナフによる水質浄化の話でした。水質浄化についてはすでに議論しています（六六～六九ページ）。

講演の中で「畑以外の場所にこぼれ種が落ちた場所（荒れ地）があった。他の植物が多い荒れ地ではケナフの成長は悪く（一メートル程度）、したがって野生化しないことがわかる」という発言がありました。これは帰化という現象（しくみ）が理解できていない発言です。

畑で肥料を充分与えると四～五メートルにもなるケナフが、荒れ地では一メートルしかならなかったからといって帰化しないという根拠はどこにもありません。一メートルもあれば、草本群落では充分な大きさです。

また、フロアから「栽培して収穫した種子はケナフの会などで頒布している種子より発芽率が悪い。しかし、栽培から採られた種子の中にも発芽率がよいものがあると聞いている。このような差が出るのはなぜか」という質問が出ました。これに対し、「栽培条件に比べ、植物をいじめると花が早く咲く。荒れ地など、条件が悪いと能力がある種子ができる。そんな場合には発芽そうなる」という主旨の回答を行いました。これはまさに「荒れ地に種子が落ちると、条件が悪いため花が早く咲き、発芽能力がある種子ができる」ということで、これが植物が帰化する第一歩なのです。

（４）ケナフシンポジウム「ケナフを活用した総合的な学習の提案」

ケナフを教材として活用している四人の小中学校の先生を中心としたシンポジウムです。私も学校教育の場にいることもあり、子どもたちの「心の荒れ」「心の未熟」には心が痛み、その対策にケナフが一役買うかもしれない、と期待しています。シンポジウムの内容には大筋で共感を持つものでした。

しかし、最後のほうで、ある先生から「アンチケナフ」という言葉が口から出て、さらに続いて「アンチケナフの人たちに対抗するためにはとにかく仲間を増やすこと、そしてわからないようにケナフを植えまくりましょう」という発言が出たのには驚きました。さらに、コメンテーターから、それを追認・奨励する言葉が出てきました。学校の教員は視野が狭いとよく言われますが（自戒の意味も込めて）、まさに自分のことしか見えていない発言です。教育の立場にいる者はもっと視野を広く持つべきだと感じた瞬間でした。

ケナフサミットでは興味深いものをたくさん見る（知る）ことができましたが、「帰化の可能性」についての議論は残念ながら科学的とは言えないものでした。推進派が「アンチケナフ」と呼んでいる慎重派の主張は、栽培に関しては「ケナフを畑や学校園以外の管理ができない場所（道路や河川敷など）には植えないこと」です。畑で栽培しているケナフから種子が飛散することは、種子の特徴から考えられず、そのような指摘はしていないはずです。ましてや、セイタカアワダチソウのようになるとは思っていません（マスコミが勝手にそのような表現をすることはあります）。畑等で栽培している分には余り問題はなく、帰化の議論は無意味です。帰化の可能性を否定するに足りうるデータがまだ得られていない以上は、慎重にすべきだと言っているだけです。

推進派の人たちは、「帰化を危惧する人はケナフ栽培の経験もなく机上の空論で話をしている」と言いますが、移入種（外来種を含む）が在来生態系に相当な負荷を与えている事例をいやというほど知っているので、警鐘を鳴らしているのです。正しい知識と価値観で実践するならば、学校現場における「心の教育」に一役買うと思うし、ケナフの様々な活用・応用も結構なことと思います。

その後の議論

ケナフ協議会は二〇〇一年一月に、「ケナフ協議会の現状認識について」と題する見解をホームページ上に公開しました。この中に注目すべき発言が三つあります。

まず一点目は、「当初期待した製紙用の代替資源としてのケナフの利用の進展には時間がかかる」というものです。理由は示してありませんが、コストについてが最も大きいと思われます。日本製紙連合会との議論（七六～七八ページ参照）の中でも、「一〇〇年以上の歴史を持つ製紙産業と、始まったばかりのケナフを比較することには無理がある」と発言していることからそれは推察されます。ケナフを産業的にバックアップしているのは今のところ中小の製紙会社で、大手製紙会社の機械が大型化してケナフには対応していない（六二ページ参照）ことが、コストを下げられない大きな要因の一つと思われます。

二点目は、「ケナフが一般にも知られるようになってきて、いくつかの問題点も生じてきた」とし、「それはケナフへの過信であり、ケナフを植えることだけで全面的に地球温暖化防止に役立つと短絡的に考えたり、木材パルプの生産・消費が熱帯林減少の主要因であるとの誤った認識を持つことなどである」というものです。カタログハウスの『通販生活』夏の特大号で、「ケナフ協議会として『ケナフが森を救う』と発言した覚えはありません」と述べた（八一ページ）ことを再確認したものと解釈できます。なお、ここには示してありませんが、ケナフ栽培の広がりに伴い、無計画に栽培したケナフの処理に困り焼却したり、引き取ってほしいとの依頼があることも問題点としてとらえているようです。

三点目は帰化に関するもので、「適切に管理して栽培すれば日本でも帰化の心配はない」というものです。この文章は、裏を返せば「適切に管理しなければ、帰化の可能性がある」とも読めます。

「適切な管理」とはどうすることかが、広島ケナフの会のホームページ掲示板で話題になりました。そこでは、「農作物と同じような管理（すなわち畑や圃場で）を行うことであり、河川敷等に植えるのは適切とは言えないだろう」との考えが出されました。「適切な管理」に道路や河川敷が含まれないということであれば、私もこの三点目については同意見を持っています。ただし、これには、今の品種であればという条件付きです。全国での栽培数は二〇〇〇万本とも言われていますので、突然変異によって日本の気候・風土に適応した品種が出現する可能性があります。今後、日本でも栽培しやすい品種が改良されれば、帰化する可能性は高まります。

ケナフ協議会副会長で高知大学教授の鮫島一彦氏は、ケナフ研究では日本の第一人者です。ケナフについて様々な意見が出てきたことから、二〇〇〇年五月より、「ケナフの栽培、加工、利用をさらに進めるために」と題する文章を『ケナフ協議会ニュース』に連載しました。一六回の連載ものでたいへん勉強になります。最後は二〇〇一年二月二一日発行で、(一四)二酸化炭素固定量は樹木よりも大きいは本当か?、(一五)地球温暖化防止にケナフは役立つのか?、(一六)ケナフで森林保護ができるのか? について述べています。

(一四)では「樹木で解決できる地域は樹木を、ケナフで解決できる地域ではケナフを植えるのがよいでしょう」「両者(樹木とケナフ)の特徴を最大限に利用することであって、どちらが有利かの議論は一概に決められないと考えるべきでしょう」、(一五)では「しかし、残念ながら当初の期待どおり(地球温暖化防止のこと)には事態が進んでいるわけではありません。これは、ケナフ自体の問題と言うよりも、それを生かす人類の知恵の不足と言うべきでしょう」、(一六)では「ケナフが地球温暖化防止に役立ったと言えるような規模にまで、ケナフの栽培、加工、利用が発展した状態になったときに、初めてケナフは森林保護にも役立ったと言えるのでしょう」と述べています。

言葉をたいへん慎重に選ばれており、全体としてトーンダウンした印象があります。ケナフ栽培が産業レベルまで成長しないと、地球温暖化防止や森林保護への貢献は難しいと考えられているようです。

第5章

外来種って、何？

ケナフについての話は、このあたりで一段落つけたいと思います。

この本の中で、ここまでも、そしてこの先も、「外来種」、「帰化生物（帰化植物、帰化動物）」、「移入種」という生物用語が頻繁に出てきます。本書全体に関係するキーワードの一つですから、ここで言葉の定義を簡単に説明しておきます。

「外来種」とは、意識的あるいは無意識的に持ち込まれた外国産生物のことです。栽培植物（野菜、果樹、薬草）、観葉植物、園芸植物などの意識的に持ち込まれた植物、種子が綿花や羊毛に付着していたり、靴の泥に付着して無意識に運ばれた植物、穀類や果実に混入して侵入した動物などが該当します。

「帰化生物」とは、江戸末期から明治以降に入ってきて野生化した「外来種」のことで、日本に定着したものを指します。侵入した港だけで見られ、そこから広がっていないようなものは、通常このカテゴリーには入りません。

「移入種」とは、その地域や生態系に、人間が外から持ち込んで野生化した生物のことを指します。「外来種」は、意識的であろうと無意識的であろうと、人間が移動させたものですから、それが野生化したものも「移入種」のカテゴリーに含まれます。また、東京のホタルを大阪に放した場合や広島のメダカを福岡に放した場合も「移入種（移入個体群）」とされます。

現在、この「移入種」が遺伝子レベルでの混乱を引き起こしたり、たいへん問題視されるようになっています。第7章で、このあたりの事情を説明しますが、この章では、「移入種」の中の「外来種」についてくわしく見ていきます。

1　外来種が日本の生態系を破壊する

多くの人が外来種という言葉を一度は聞いたことがあるかと思います。さきほども説明したとおり、人の手によって外国から日本に持ち込まれた生物種という意味です。

世界規模で進む「植生の均質化」

地球上には森林、草原、河川、海浜、高山、湿原、湖沼など様々な環境があり、そこに多様な生物群がすんでいて、独特な生態系を形成していることは第3章（四九～五〇ページ）で説明しました。さらに、同じ熱帯林であっても、アフリカ、東南アジア、そして南米アマゾンの熱帯林では、生えている植物も異なれば、そこに生息している動物も異なります。類似した環境であっても、地理的に大きく離れていれば、生活している生物群が異なります。

世界の動物、植物は、生物地理学的にそれぞれ大きく六グループに分けられ（九三ページの上図）、その中はさらに細かな生物区に分けられています。日本の中でも、例えば植物で見ると、九地区に区分されています（九三ページの下図）。「ところ変われば生き物変わる」ということが以前は当たり前でした。

この当たり前なことを根底から覆しつつあるのが外来種です。開発や造成で、都会はもちろん農村まで都市化が進んでいます。このような場所には、人間活動に伴い同じような植物が入り込み、世界的に「植生の

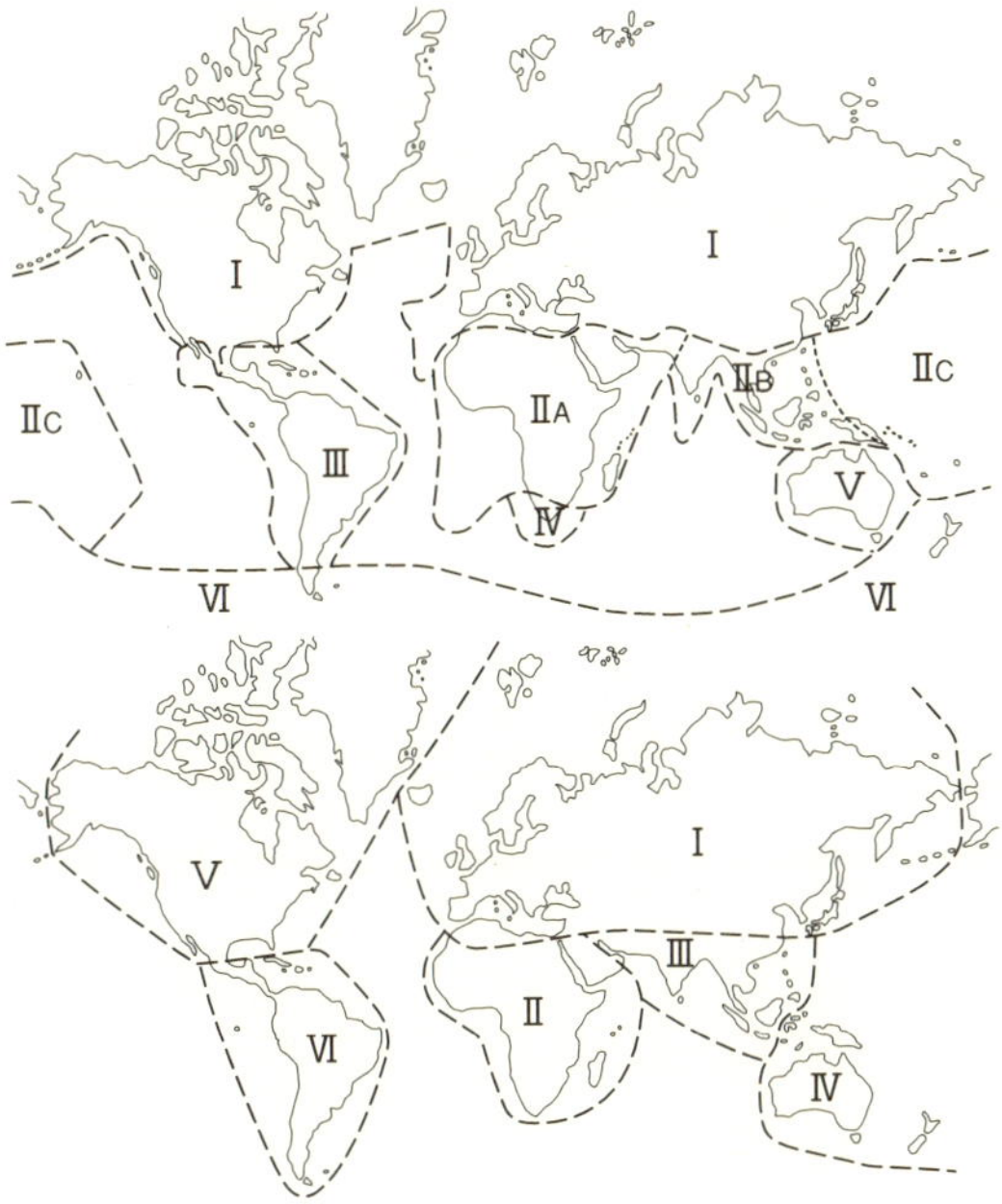

世界の植物界(上)と動物区(下)。
植物界
Ⅰ：北帯、Ⅱ：亜熱帯(ⅡA：アフリカ、ⅡB：インド-マレーシア、ⅡC：ポリネシア)、
Ⅲ：新熱帯、
Ⅳ：南アフリカ(希望峰)帯、
Ⅴ：オーストラリア帯、
Ⅵ：南極帯
動物区
Ⅰ：旧北区、
Ⅱ：エチオピア(アフリカ)区、
Ⅲ：東洋区、Ⅳ：新熱帯区、
Ⅴ：新北区、Ⅵ：新熱帯
(新北区と旧北区を合わせて全北区という場合もある)

(Odum、1971年より。
出典：吉岡邦二『植物地理学』共立出版株式会社、1973年、p.14、図2.6)

日本の植物区系。
Y：えぞ-むつ地域
K：関東地域
J：日本海地域
F：フォッサマグナ地域
S：そはやき地域
M：美濃-三河地域
A：阿哲地域
B：小笠原地域
R：琉球地域
(出典：前川文夫『日本の植物区系』玉川大学出版部、1977年、p.114、図41)

均質化」が進んでいます。今では、日本中どこに行っても、空き地にはヒメジョオン、オオアレチノギク、ヒメムカシヨモギ、セイタカアワダチソウのような丈の高い草で覆われています。

「外来種が入ると、種類数が増えるので、かえって生物の多様性が増大してよいことだ」と主張する人たちがいますが、それは基本的な認識が間違っています。

例えば、一〇〇種類の植物が生えていたところに、五〇種類の外来植物が侵入し、三〇種類の在来植物が滅びたとします。この場所では、それまで一〇〇種類あった植物が一二〇種類に増えます。同じようなことが、世界の異なる場所五カ所で起こったとします。この五カ所をトータルすると、もともとは五〇〇種類の在来植物があったのですが、五〇種類の外来植物が入り込み、一五〇種類の在来植物が滅びることになります。全世界で見ると、五〇〇＋五〇－一五〇＝四〇〇となり、植物の多様性が失われてしまいます。

ここでは話を単純化するために、全く同じ種類の外来植物が世界の異なる場所に侵入した前提で解説しましたが、もちろん実際にはそう簡単にいきません。し

オオアレチノギク(左)とヒメジョオン(右)。いずれも背が高くなる草で、河川敷などでは特に大きくなる。光をめぐる競争に有利である

かし、かなり共通性が高いのも事実で、どこに行っても同じような植物ばかりになっているという実態がすでにあるのです。さらに、動物についても、植物の種類が変わると、餌がなくなったり、すみかがつくれなかったりするものが出てきますので、その影響は深刻です。

動物の場合、多様性の損失が顕著に現れているのは淡水生態系です。その原因の一つが、違法放流により全国的に広がったブラックバス（オオクチバス、コクチバス）だと考えられています。たいへん魚食性が強く、同じ外来種のブルーギルとともに、日本の在来淡水魚相をことごとく壊し始めています。閉鎖的な水系で特に顕著で、すでに手遅れと言わざるを得ない水辺もあります。ブラックバスの問題については、このあと詳述します（一一三ページ）。

外来種問題は地球規模の環境問題

生物は環境の変化に適応し確実に子孫を残すために、その生物固有の移動能力を備えています。渡り鳥のように一シーズンで数千キロから数万キロも移動す

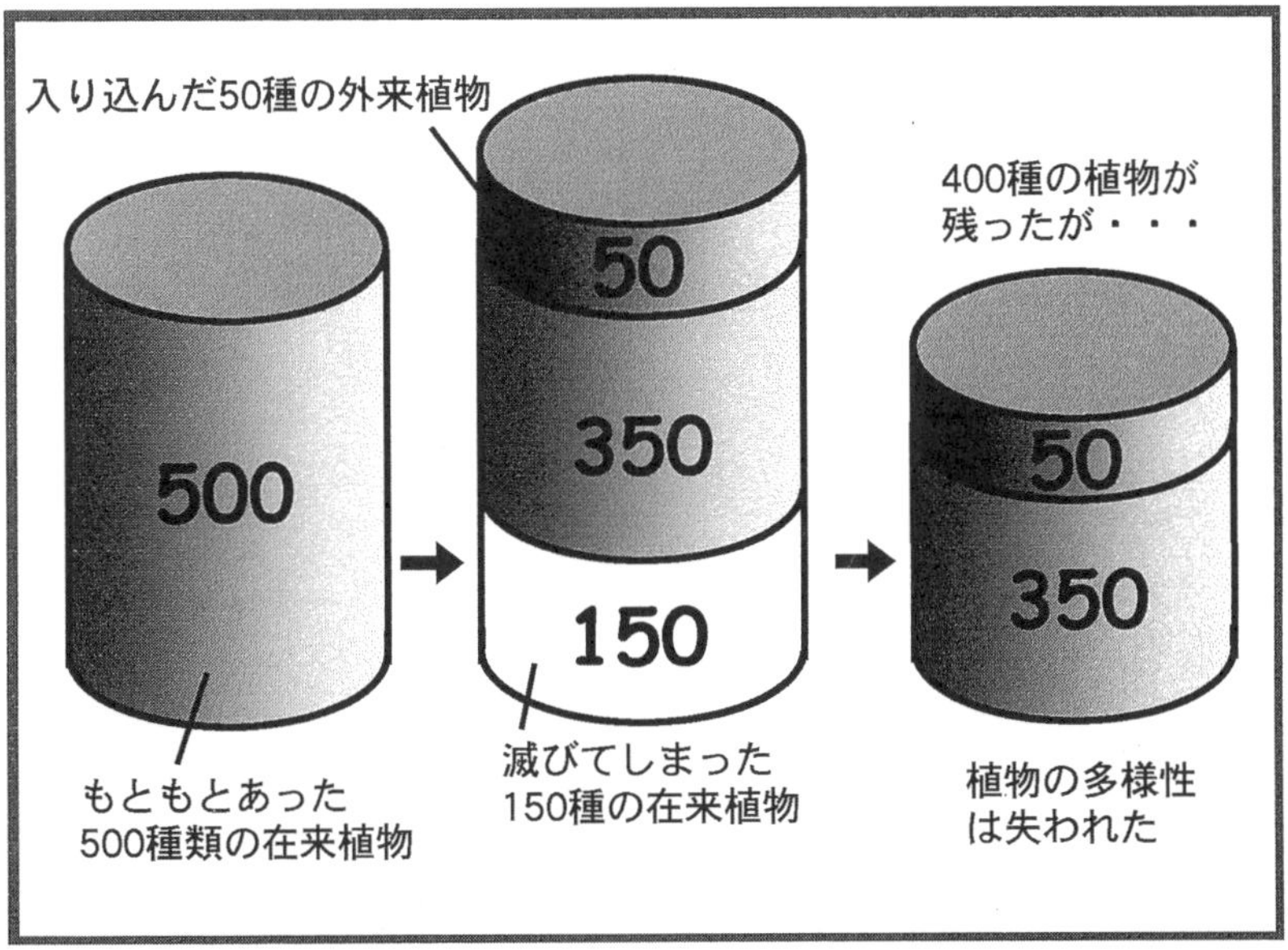

外来植物が侵入して、一時的に種類数が増えても、全世界で見ると減少している。

るものから、一〇〇年かけても数十メートルしか移動できないような植物までであります。このことも生物の多様性を維持する要因だったのですが、最近一〇〇年における人間の科学力、技術力の進歩は、生物の移動能力も飛躍的に増大させました。船、飛行機、列車や自動車による人や物資の移動とともに、人知れず、あるいは意図的に、生物も移動することになってしまったのです。

植物の場合、栽培植物や園芸植物は意図的に持ち込まれましたし、綿花や羊毛、飼料などに種子が混入し、人知れず侵入したものも多数あります。山に取り付けられた道路の斜面や高速道路の法面《のりめん》保護のために、成長が早いイネ科牧草などの種子を混ぜた泥が吹き付けられ（法面緑化）、そこから逃げ出して野生化している外来種も、深刻な影響を及ぼしています。

外来種問題は、生物多様性の喪失に重大な影響を及ぼす、地球規模の環境問題の一つでもあります。「植生の均質化」と「ブラックバス問題」を例として挙げましたが、「地域生態系の崩壊」という形で具体的な影響がすでにあらゆるところで生じています。生物の多様

人間の生み出した輸送手段は、生物もいっしょに移動させ、運び込むことになった。

性が失われることは人類にとっても大きな損失です。これについては、第6章でくわしく述べます。

外来種は、多くの場合、帰化動物と帰化植物という概念で考えてよいかと思います。ここからは、この二つの言葉について、代表的なものを紹介しながら解説します。

2　帰化植物

帰化植物には、栽培用あるいは牧草用などのように意図的に持ち込んだ植物が逸出するものと、湾港、空港、製粉工場、毛織物工場、醤油・豆腐工場、高速道路、造成地、植物園、動物園などから人知れず分布を広げるものが知られています。

湾港や空港などから侵入した帰化植物は、かつては物資が鉄道で運ばれることが多かったため、線路沿いに拡がる例がよく知られていました。そのため、いくつかの植物は「鉄道草」とも呼ばれています。今日はトラック輸送が主体ですので、大きな道路の植え込みなどに多くの帰化植物が見られます。

日本に侵入した帰化植物の多くは、一年草と二年草です。多年草と木本は余り多くはありません。しかし、セイタカアワダチソウ、セイヨウタンポポ、ホテイアオイのように、多年草やそれに準ずる繁殖戦略をとるものの中には、猛繁殖をしているものがあります。

帰化植物の定義

長田武正氏は『原色日本帰化植物図鑑』（保育社）の中で「帰化植物とは自然の営みによらず、人為的営力によって、意識的または無意識的に移入された外来植物が野生状態で見い出されるもの」と述べています。すなわち、次の三つの条件を満たしているものです。

①人間が持ち込んだ植物であること

食料、衣料、薬用等の有用植物として直接持ち込まれたり、人間の移住・交流（貿易）などによって、様々な物資に混入・付着して侵入したもの。

②野生の状態で見い出されること

人間が持ち込んだものでも、イネやチューリップのように、今日でも栽培でしか見られないものは除外されます。

③外国から侵入したものであること

よそから入ったと言っても、東北地方や北海道から九州へ侵入してきたようなものは帰化とは言いません（これはもっと大きな枠組みである「移入種」のカテゴリーに入ります）。

帰化植物の区分

①新帰化植物

帰化植物は、古い時代に日本に侵入した「史前帰化植物」と、江戸末期以降の欧米諸国との盛んな交流の結果日本に侵入した「新帰化植物」に大別されます。今日、単に「帰化植物」と言った場合、通常「新帰化植物」を指します。具体的には次のようなものがあります。

＊牧草・飼料用から……シロツメクサ、ウマゴヤシ、カラスムギ、ゲンゲ（レンゲソウ）など

＊食用から……オランダガラシ（クレソン）、キクイモ、セイヨウタンポポなど

シロツメクサ。物を輸送するときのクッション材、すなわち「詰め草」として用いられ、それがもとで帰化した。今では、日本の風景として定着している

＊観賞用から……セイタカアワダチソウ、ニワゼキショウ、コバンソウ、オシロイバナ、ホテイアオイ、ボタンウキクサ（ウォーターレタス）、キショウブ、ムラサキカタバミ、オオケタデなど

＊道路法面の吹き付けから……シナダレスズメガヤ、ウシノケグサ類など

オランダガラシ（別名：クレソン）。
ステーキのつけ合わせとして、外国人が栽培していたものが逃げ出したと考えられている

オランダガラシの繁殖力も旺盛だ。
佐賀県の河川（特に支流）では、春先、水面が見えなくなるくらい猛繁殖する

＊侵入時期・方法が不明なもの……ブタクサ、アメリカセンダングサ、ヒメジョオン、オオイヌノフグリ、ナギナタガヤ、オランダミミナグサ、アメリカフウロ、オオアレチノギク、ベニバナボロギクなど

法面緑化（九六ページ）に使われる植物に、外来種への批判から、ヨモギやミヤコグサなどの在来種が混ぜられることが多くなっています。しかし、この場合であっても、コストの関係から中国などから輸入されたものが大部分で、施工される場所の植物から種子が採取されることはまずありません。このため、本来の在来種との遺伝的な交流という、生物多様性の観点で考えるとさらにやっかいな問題が生じています（第7章）。

なお、話がケナフに戻りますが、釜野氏は、『地球にいいことしよう！　ケナフで環境を考える』の中で、ケナフのこれからの用途として「法面緑化」を提唱しています。しかし、「法面緑化」という工法そのものが環境破壊をもたらすと警告されている現状がありますので、この提案は慎重にされたほうがよいのではない

新しく取り付け道路をつくるとき、削られた山肌に植生を回復させるため、外来種の種子を混ぜ込んだ泥を吹き付ける工法がある。今日の外来種問題で最も危機感が持たれている事例の一つ

でしょうか。

②史前帰化植物

日本に稲作や麦作などの農耕文化が伝来したのといっしょに侵入した植物群で、有史以前の人々の移住・交流によって日本に侵入したことから、「史前帰化植物」と呼ばれています。田や畑の雑草の大部分はこれに含まれると考えられています。

例えば、スイバ、ハコベ、ナズナ、カタバミ、オオバコ、ハハコグサ、スズメノテッポウ、イヌタデ、ヨモギ、オヒシバ、エノコログサ、カヤツリグサ、ツユクサなどです。

代表的な帰化植物の現状

①外来タンポポ

日本に帰化しているタンポポ類は従来、セイヨウタンポポとアカミタンポポの二種が区別されていました。いずれも総苞片《そうほうへん》（頭状花下部の萼《がく》のように見える構造）が反り返っているのが特徴です。花での区別は難しく、果実の色が赤茶色であればアカミタンポポ、

ナズナ（左）とハハコグサ（右）。どちらも春の七草としてたいへんなじみ深い植物であるが、農耕文化といっしょに渡来した史前帰化植物と言われている

灰白色であればセイヨウタンポポです。

　しかしながら、セイヨウタンポポ、アカミタンポポと呼ばれているものには欧米で数百種類に区別されているものが含まれ、専門家の間ではセイヨウタンポポやアカミタンポポという名称は使われなくなっています。ここでは、分類学的な議論をするのが目的ではあ

外来タンポポ。これは、従来アカミタンポポと呼ばれてきたもの

りませんので、セイヨウ、アカミを含めて外来タンポポと表現します。

　また、在来のタンポポにおいても、従来、カントウタンポポ、カンサイタンポポ、トウカイタンポポなどと区分されていたものは、形態が連続的に変化し、遺伝的な差がないことから、まとめてタンポポ、あるいはニホンタンポポとされることが多くなっています。

　外来タンポポと在来タンポポが熾烈な競争をしていることは、一九七〇年頃からよく話題になっています。農村的な環境では在来タンポポが多く、都市部では外来タンポポが優勢になっています（次ページの図）。

　撹乱された立地が多い都市部で、なぜ外来タンポポが多いのでしょうか。それについて次のような特徴が指摘されています。

　外来タンポポは在来タンポポに比べて小花の数、頭花の数ともに多く、外来タンポポはほぼ一年中開花しています。しかも、開花から種子形成までの期間は、外来タンポポのほうが短いようです。したがって、外来タンポポのほうが種子生産量は圧倒的に多いと言えます。その種子は、外来タンポポのほうが軽く、遠く

右：外来タンポポの総苞片（萼のように見える部分）は反り返る
左：これまでカンサイタンポポと呼ばれてきた在来タンポポ。総苞片は反り返らない

へ飛ばすことができます。

また、在来タンポポは花粉を運ぶ昆虫がいなければ受粉ができないのに対し、外来タンポポは受粉なしで種子を形成することができます。そのため、在来タンポポは集団をつくらないといけませんが、外来タンポポは一個体だけでも子孫が残せます。できた種子は、在来タンポポでは一定期間休眠をしないと発芽しないのに対し、外来タンポポはすぐに発芽します。このように、繁殖能力の点で、外来タンポポのほうが在来タンポポより圧倒的に優位と言えます。

タンポポが生えている場所の土を調べると、在来タンポポは酸性、外来タンポポはアルカリ性が多いようです。また、乾燥した土壌では外来タンポポが多くなります。都市はコンクリートが多く、そのため土壌はアルカリ化しています。これも、都市化された場所が外来タンポポで覆われてくる要因と考えられています。

また、在来タンポポは肥沃な安定した土地を好みますが、夏場は葉を枯らし休眠してしまいます。これは、他の植物が盛んに茂ってくるために、光を巡る競争に

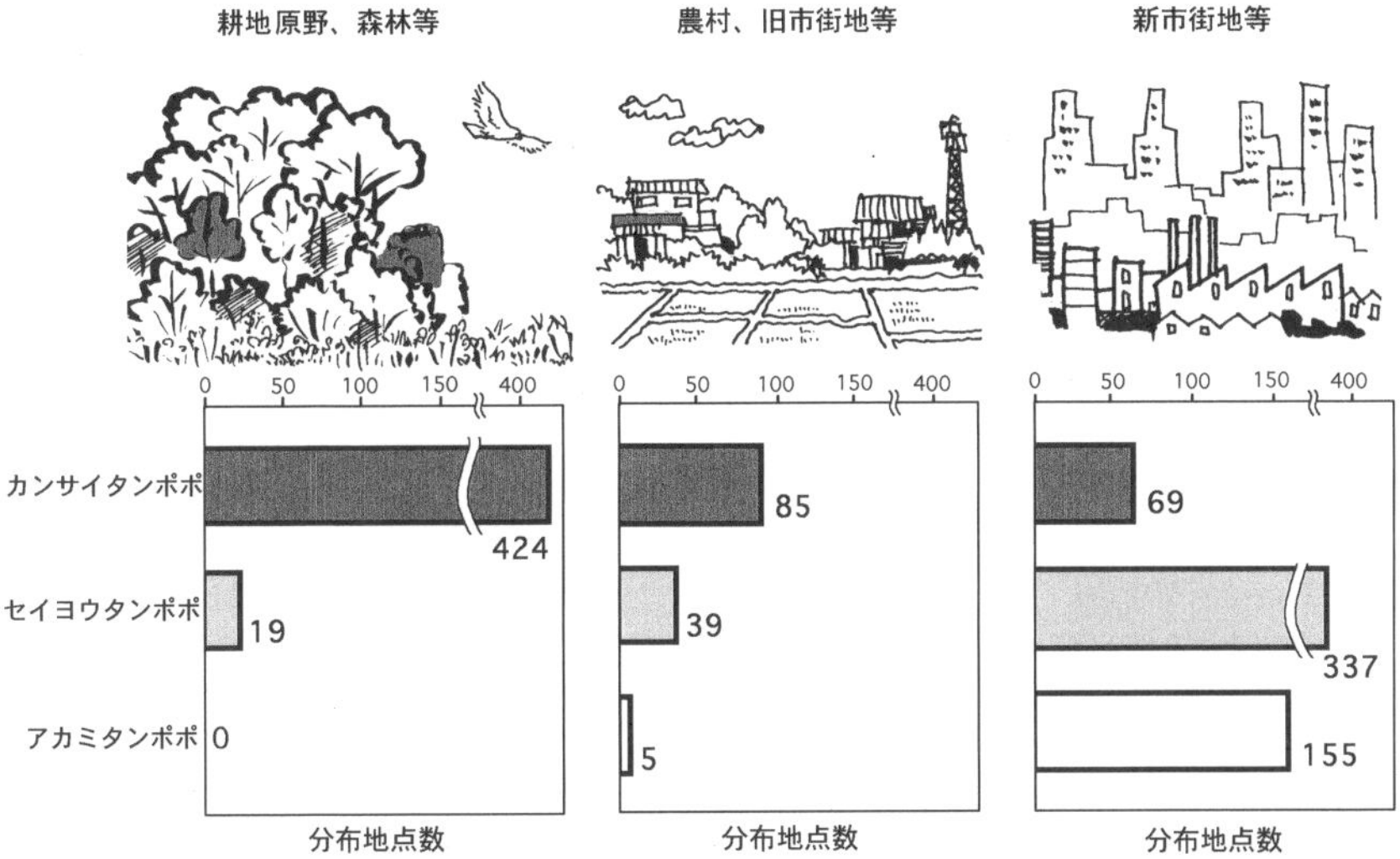

大阪府高槻市における土地利用形態とタンポポの分布
（堀田　満（1979）の調査をもとにイラスト化した）

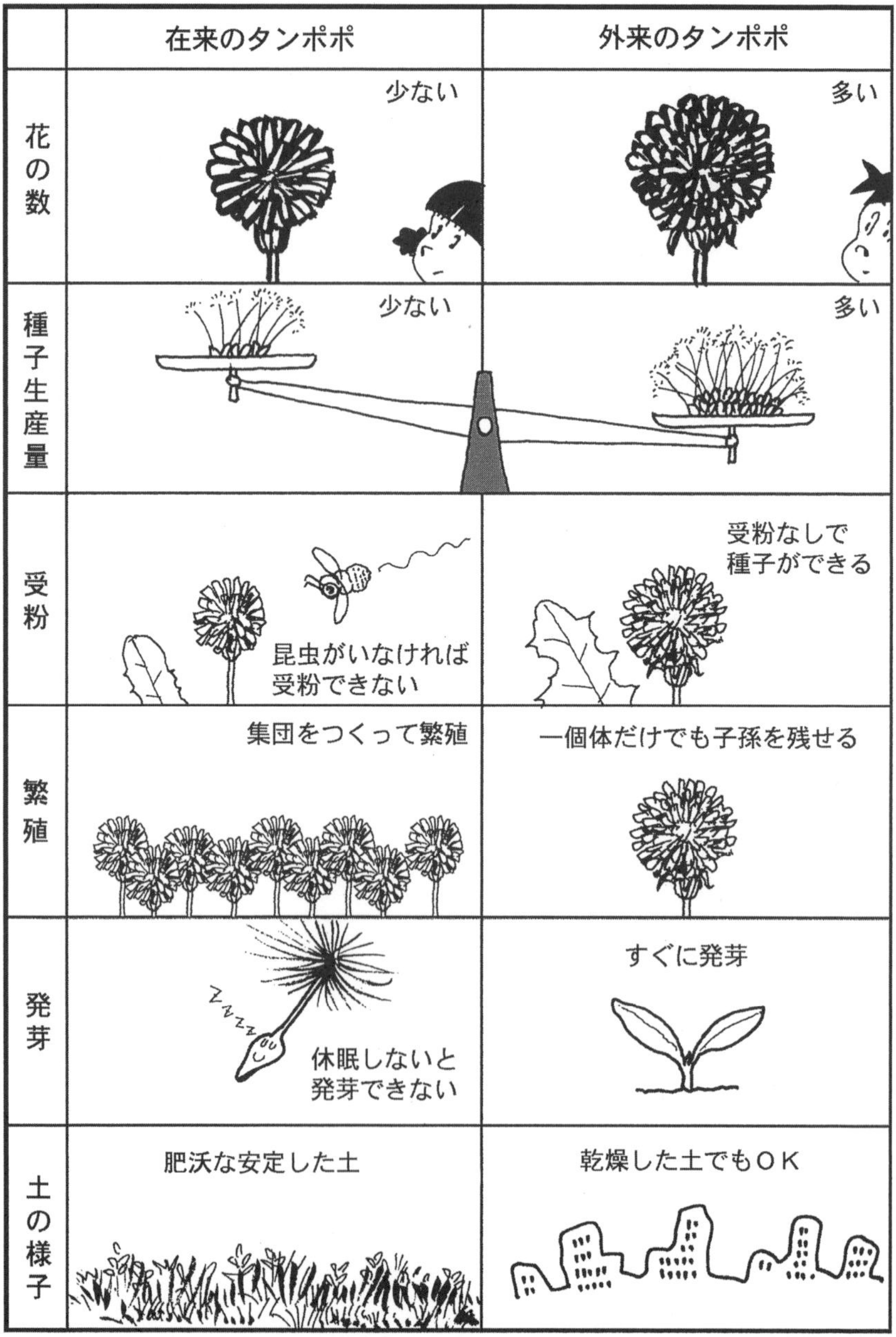

	在来のタンポポ	外来のタンポポ
花の数	少ない	多い
種子生産量	少ない	多い
受粉	昆虫がいなければ受粉できない	受粉なしで種子ができる
繁殖	集団をつくって繁殖	一個体だけでも子孫を残せる
発芽	休眠しないと発芽できない	すぐに発芽
土の様子	肥沃な安定した土	乾燥した土でもOK

在来タンポポと外来タンポポの様々な特徴の比較

不利なためと考えられています。これに対し都市部は、植物群落の撹乱が頻繁に起こり、夏場も葉を枯らさない外来タンポポがうまく適応しています。

ところが、二〇〇〇年に全国各地で行われたタンポポ調査の結果を見ると、在来タンポポが戻ってきているという興味深い報告が相次いでいます。これは、長引く不景気で大都市やその近郊の開発が落ち着きを取り戻し、土地の撹乱が少なくなったためと考えられます。

なお、東京学芸大学の小川潔氏は、多くの観察データ、実験データから、在来タンポポのほうが日本の気候・風土により適応していることを示しています（『日本のタンポポとセイヨウタンポポ』、どうぶつ社）。タンポポ戦争は今後も当分続きそうです。

②セイタカアワダチソウ

帰化植物と言えば、ほとんどの人が真っ先に思いつく植物がこのセイタカアワダチソウでしょう。北米原産で、戦後北九州に上陸し、線路沿いに全国に広がったと言われています。そのため、当時は鉄道草とも言われました。

セイタカアワダチソウ。もともとは観賞用として導入された

セイタカアワダチソウは、定期的に土地が撹乱されるような場所に好んで侵入します。工事によって掘り返されたような場所をはじめ、河川敷、放置されている畑地などでしばしば大群落をつくっています。大群落をつくるのには生理学的な理由があります。セイタカアワダチソウの地下茎からは他の植物の種子発芽を阻害する物質が出ているからです。これをアレロパシー（他感作用）と言います。そのため、セイタカアワダチソウが侵入した場所から、他の植物が徐々に排除

されていき、次第に純群落に近い状態になるわけです。

しかしながら、最近一時期ほど大群落を見なくなったという声もあります。一つには見慣れてしまったということがあると思いますが、セイタカアワダチソウのアレロパシーに対し自分自身が影響を受けているという指摘もあります。

セイタカアワダチソウが群生している場所でも、そこが放置され、撹乱が少なくなると、次第に周辺から様々な植物が侵入してきます。そして、樹木が群落をつくるようになると、光不足からセイタカアワダチソウは後退していきます。

多くの帰化植物でもそうですが、環境が安定すれば徐々に在来種が勢力を取り戻し、帰化植物は消えていきます。帰化率（一〇九ページ参照）が都市化の目安といわれるゆえんです。

③ホテイアオイ

特に西日本で猛威を振るっている水辺の帰化植物にホテイアオイがあります。南米原産の熱帯植物です。九州ではすでに、三〇年前に農業害草として問題にな

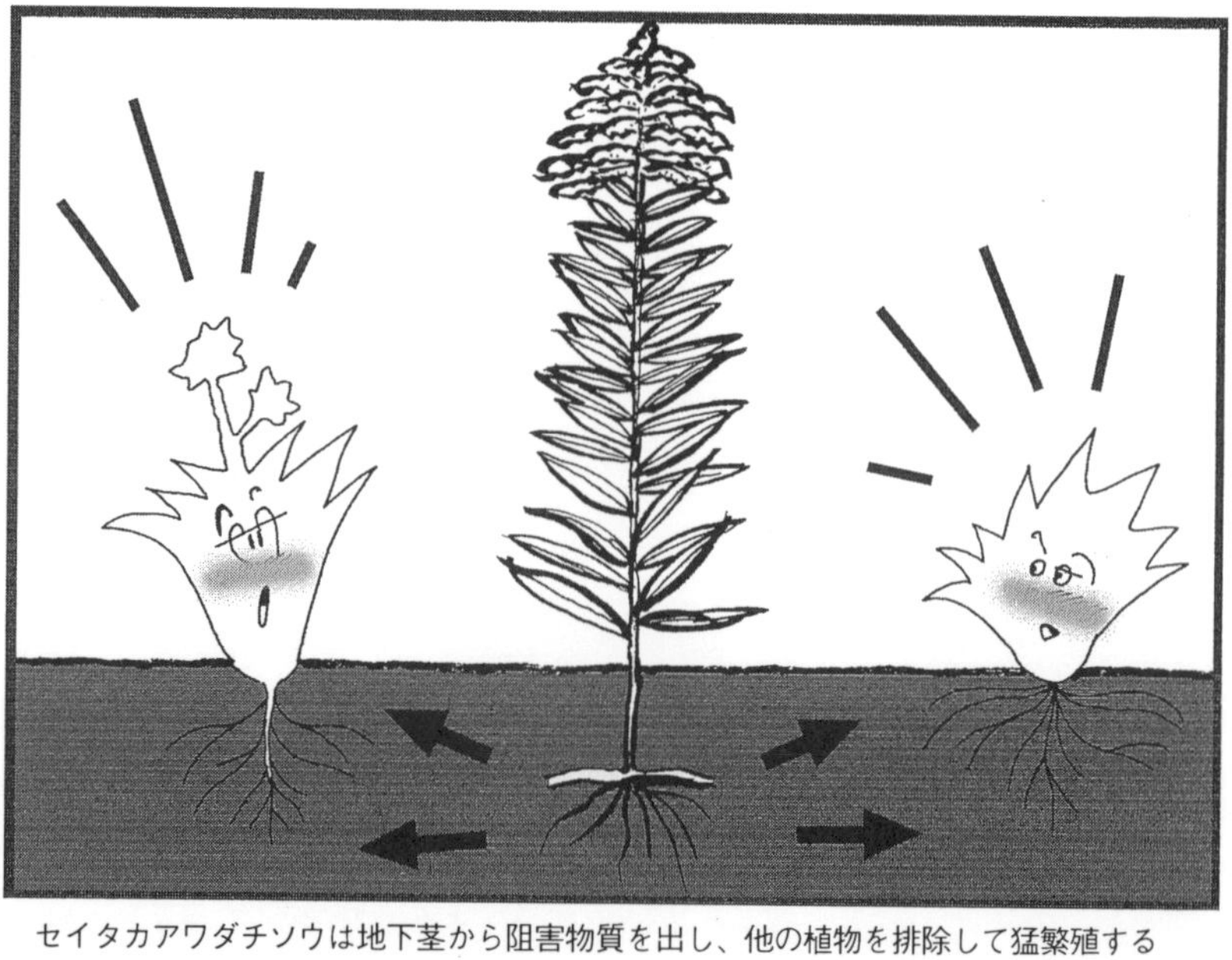

セイタカアワダチソウは地下茎から阻害物質を出し、他の植物を排除して猛繁殖する

っていました。

佐賀県の東部から中部に広がっている佐賀平野には「クリーク」と呼ばれる灌漑《かんがい》施設があります。その多くで毎年ホテイアオイが猛繁殖し、その除去に多額の費用が使われています。取水の邪魔になったり、河川から有明海に流出し、ノリ養殖の網にかかる被害を出しているためです。クリークの生態系にも悪影響を及ぼし、冬場はその多くが腐敗沈殿し、水質悪化をもたらしています。

ホテイアオイは熱帯植物ですから、冬の寒さの影響を強く受けます。冬の寒さが厳しいときはその翌年の発生が抑えられます。

しかし、一九九〇年以降の一〇年間で、冬の寒さが厳しかったのは一回だけでした。そのため、ほとんど毎年のようにホテイアオイの繁殖が見られています。また、全国的に見ると、分布が少しずつ北上していることも知られています。これには、地球温暖化の影響という見方が有力で、今後も分布の北上が予想されています（五一～五三ページ）。

クリークを覆い尽くしたホテイアオイ。まるで野菜畑のように見える。温暖化の影響のためか、分布も北上している

佐賀平野を特徴づけるクリーク風景。クリークは、農耕地の低い部分をさらに掘り下げ、上げた泥で土手を固めてつくった貯水構造である。上の写真のような、昔ながらのクリークは少なくなってきており、大部分は圃場整備のために大型水路化している（下の写真）

④その他の帰化植物と帰化率

そのほか、佐賀県では、春はオオイヌノフグリ、オランダミミナグサ、フラサバソウ、マツバゼリ、シロツメクサ、ニワゼキショウなどが、初夏以降はオオアレチノギク、ヒメムカシヨモギ、ヒメジョオン、オオブタクサ、アメリカセンダングサなどが代表的な帰化植物です。水辺ではオランダガラシ（クレソン）、オオカナダモ、オオフサモ、フサジュンサイなどが茂っています。いずれも代表的な帰化植物で、全国的に見てもポピュラーなものが多いと思われます。

ある地域に生育している植物種の中で帰化植物が占める割合を帰化率といいます。帰化植物の侵入口である湾港では帰化率が七〇％を超えることがありますが、ふつう都市部で三五％程度、農村部で二五％程度です。種類数ではその程度ですが、量的に見るとしばしば七〇％を超えます。言い換えると、在来種が三〇％以下になっているわけで、帰化植物が束になって在来種を閉め出している現状があるわけです。

日本にはすでに一〇〇〇種類以上の帰化植物が知られていますが、大部分はこのように束になって在来種

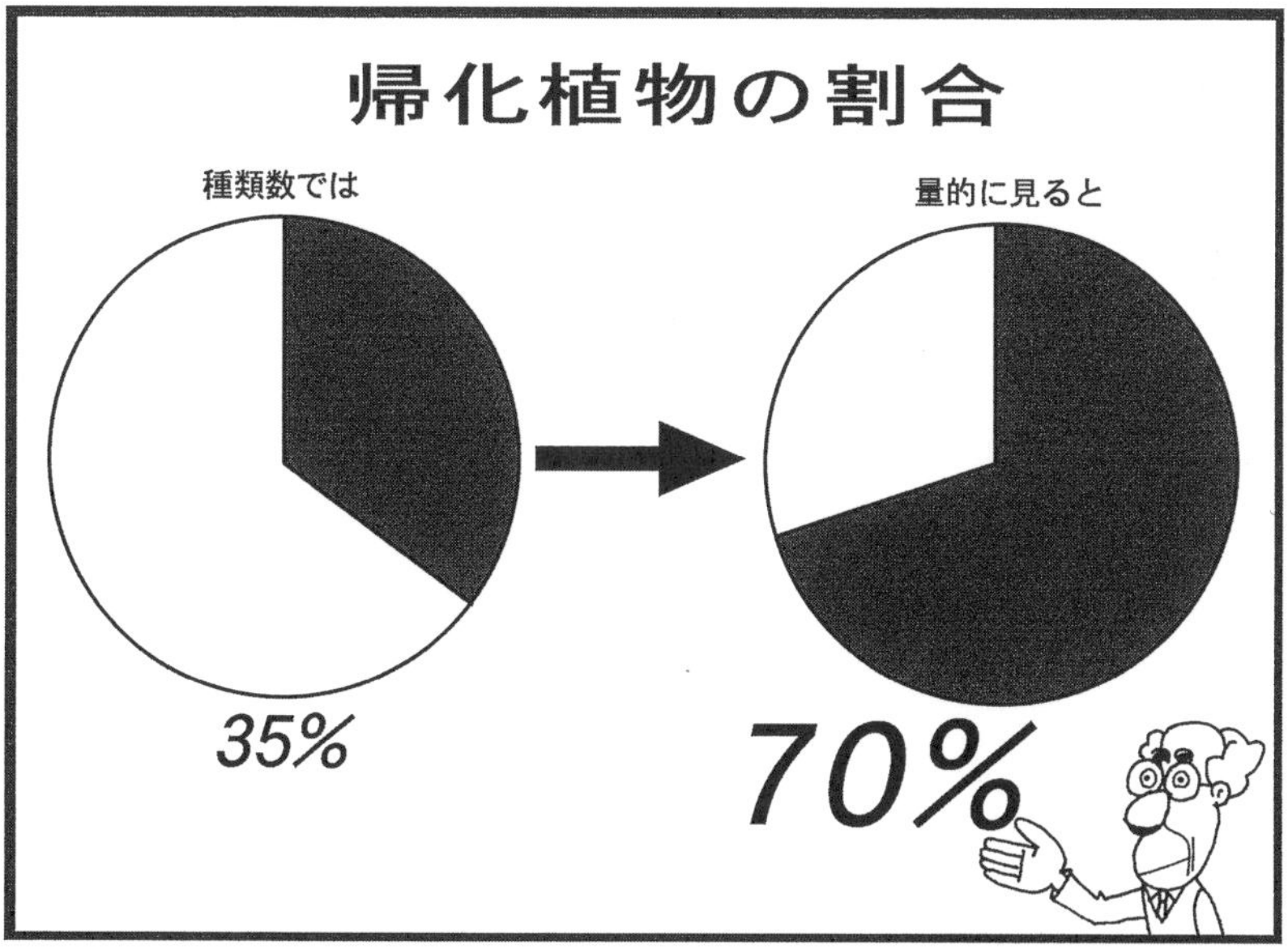

帰化率は種類数で計算する。しかし量で見ると、帰化率以上に帰化植物の割合が高い

を駆逐しているもので、ケナフも帰化するとこの仲間に入る可能性があると思われます。

また、外国から日本に侵入して大繁殖をしている帰化植物があるように、日本から外国へ出ていってその土地に定着し、場合によっては被害を及ぼしている植物もあります（四八ページ）。日本から外国へ帰化した植物は、初め観賞用、草地用、砂防用などの有用植物として意識的に導入され、それが逸出・野生化したものが多いようです。

3 帰化動物

動物では、古くはカムルチー（ライギョ）、ウシガエル、アメリカザリガニ、アメリカシロヒトリなどが有名で、近年ではスクミリンゴガイ（ジャンボタニシ）、カダヤシ、オオクチバス（ブラックバス）、ブルーギル、アカミミガメなどが日本の生態系に重大な悪影響を与えています。

水路のコンクリートに貼り付くスクミリンゴガイの卵塊。鮮やかなピンク色をしている

カムルチー、ウシガエル、スクミリンゴガイは当初食用のため持ち込まれたもので、アメリカザリガニはウシガエルの餌として持ち込まれました。カダヤシはボウフラ駆除のために導入されました。オオクチバスはご存じのとおり、ルアーフィッシングとしてその引きの強さで人気の淡水魚です。ブルーギルはオオクチバスの餌として導入されました。アカミミガメは縁日で売られていたミドリガメが逃げ出し、あるいは意図的に捨てられ、野生化したものです。

右に挙げた例で、唯一意図的でないのがアメリカシロヒトリです。貿易によってアメリカから運ばれる物資について侵入しました。もちろん、当時も検疫所で充分注意されていたのですが、その検査をすり抜けたわけです。

①アメリカシロヒトリ

アメリカシロヒトリは、様々な植木や果樹に大発生し木々を丸裸にすることで、侵入当時とても恐れられました。昭和三〇年代、有効な駆除方法もなく、油をしみ込ませた布きれを竹の先に丸め、それに火をつけ人の手で焼却駆除されていました。

健全な生態系の中では、食物連鎖によって個体数は調節されていますので、ふつうある種の動物が大発生することはありません。水田や畑で害虫が大発生しやすいのは、生態系が不安定でバランスが壊れやすいためです。アメリカシロヒトリは、侵入当時、生態系の中でそれを捕食する天敵がいませんでした。そのため、生態系のバランスを壊す形で大発生をくり返したわけです。

しかしながら、時間の経過とともに、アシナガバチや寄生バチ、寄生バエなどがアメリカシロヒトリをねらうようになり、次第に日本の生態系に取り込まれて大発生しなくなりました。今日も細々と生き延びています。いなくなったわけではありません。

②カムルチー、ウシガエル、アメリカザリガニ

カムルチーやウシガエル、アメリカザリガニなどはたいへんな悪食で、日本の在来種がこれらによって飲み込まれてしまうのではないかと思えるほどでした。クリークに行くと、一メートルを超すようなカムルチ

ーが不気味に小魚をねらっていましたし、クリークのそばに住んでいる人は、ウシガエルのおなかに響くような太い鳴き声で、寝不足になることもしばしばでした（私自身がそうでした）。

しかし、これらの動物も、以前に比べると少なくなった感がありますっ。佐賀県では、昭和五〇年頃を境に減少しているようです。ヒトリのように生態系に取り込まれたのではなくて、これらの帰化動物でさえ生活できないほど、環境が悪化したためと思われます。

二五年ほど前の高度成長期に、日本の経済は奇跡的な伸びを示しましたが、反面、公害列島と呼ばれるほど環境破壊が進みました。工場の煙突からは真っ黒い煙が上がり、どす黒い工場廃液が川や海に流されました。全国の工業地帯は日常的にスモッグがかかり、ビルの壁はすすで黒く汚れました。全国の川や海で奇形魚が見つかり、大きな社会問題になりました。四日市ぜんそくや水俣病で代表されるような深刻な公害が発生し、全国で多くの訴訟が起こされました。各県や各市町村に公害対策室が設置され、行政は環境保護のための法律を制定し、強力に行政指導が行われました。その結果、企業による環境浄化の努力が実り、海や空は見違えるほどきれいになりました。工場からの垂れ流しは、今日ほとんどありません。

一方で、地域住民の生活水準は向上し続け、より豊かで便利な生活が今なお追求されています。今日、身近な水辺の汚染原因は六～八割が家庭排水といわれています。下水道が整備されていない地域の水路・河川・クリークには、毎日どの家からも数百リットルの汚水が流入してきます。昭和五十年代に外来種ばかりになってしまったと嘆いていた水辺から、外来種の姿さえ消えてしまいました。今では、フナが苦しそうに水面でぱくぱくやっているだけの、ヘドロが堆積した死の水辺となっています。たまに水路を見る人から「こんな汚い水路にもフナがいた。自然が戻ってきているのかも」という声をよく聞きますが、フナだけしかすめない末期的な状況になっているのです。

また、都市公園的な水路にニシキゴイが放流されている光景をしばしば見ます。「コイが泳ぐ自然豊かな水辺」と言った宣伝文句をよく耳にしますが、コイも汚

下水道が整備されていない地域の水路は、主に家庭排水が原因で「死の水辺」となっている

染に強い淡水魚で、環境を演出するために利用されているようです（第7章-2）。

③オオクチバス、コクチバス

オオクチバスは、一般にはブラックバスと呼ばれ、日本人なら誰でも名前を知っている淡水魚になりました。最近、日本にも侵入（放流）が確認されたコクチバスも、ブラックバスと呼ばれています。

オオクチバスは、今では日本中の湖やため池でふつうに見られるようになった外来魚です。止水域を好む魚で、河川などの流水域で見ることはあまりありません。洪水時に池から池へと分布を広げることもあるかもしれませんが、その大部分は人為的に放流されたものと思われます。周りと完全に隔離されたような水域や堀干しをした直後のため池などから見つかることもよくあります。

オオクチバスはたいへん魚食性が強い魚です。動くものには何にでも飛びつきます。そのため、オオクチバスが入った水辺は在来の淡水魚が激減します。そこで、餌としてやはり外来のブルーギルを放流するようになったのです。ブルーギルもまた魚食性が強い魚で、オオクチバスが動くものを狙うのに対し、じっとしている小魚や稚魚まで探し出して食べてしまいます。日本の淡水生態系は、この二種類の外来魚の侵入で劇的に変わりました。

「『生態系が破壊される』ことはあり得ない。『生態系の構造が変化した』というのが正しい表現である」と指摘する研究者もいますが、わずか三〇年ほど前にあった淡水生態系が現在見るすべもないくらいに変化してしまった現実を考えると、「在来生態系が破壊された」という表現も言い過ぎではないと思います。

一九九七年秋、あるダム湖でオオクチバスを捕獲し、胃の内容物を調べたあと調理して食べるというイベントを開きました。二〇尾近く解剖しましたが、胃の中はアメリカザリガニが一匹以外は、すべてブルーギルの子どもでした。このダム湖はすでにオオクチバスとブルーギルだけになってしまっていることが危惧されます。

これは全国的な傾向で、捕れる魚の七～八割がブルーギルで、オオクチバスが一～二割、その他の淡水魚が一割以下という水辺が増えてきています。二〇〇〇年九月二五日付けの読売新聞によると、横浜市の住宅地にあるため池ですべての水をくみ出したところ、ブルーギルが二五五一匹、ブラックバスが一五五匹、ヘラブナ一三一匹、コイ二七匹、ドジョウ四匹、ウグイ三匹（コイとヘラブナはいずれも大型の個体）だったそうです。

二〇〇一年夏、佐賀県立武雄《たけお》青陵高校理科部の生徒たちが、焼き物の里として有名な有田町のため池で、七三匹のオオクチバスを釣り上げ、消化管の内容物を調べています。その結果、アメンボ、イトトンボ（成虫）、コシアキトンボ（成虫）、ハイイロゲンゴロウなど、水生あるいは水辺の昆虫類がたくさん見つかりました。

オオクチバスは本来魚食性なのですが、消化管から出てきた魚はオオクチバスの稚魚ばかりで、数も少なかったとのことです。調査したため池はサイズが小さく、すでに在来魚は食べつくされ、次に昆虫を狙ったのではないかと考えられます。昆虫が少なくなる秋から冬は何を食べるのか、今後も調査を続けるそうです

（中原正登、『佐賀自然史研究会ニュースレター』三三号、四～五ページ、二〇〇一年）。

全国の多くの水辺で、オオクチバスとブルーギルが最後の戦いを行っています。成魚になったオオクチバスはブルーギルの稚魚は食べませんが、ブルーギルはオオクチバスの稚魚を食べます。さらに、ブルーギルは動かないものも食べることから、この競争はブルーギルに軍配が上がると予想されています。オオクチバスの餌として放流したブルーギルによって、逆に滅ぼされるという皮肉な結果が最後は待っているのです。

オオクチバスはスズキ科の魚で、最初は食用として持ち込まれたようです。白身魚でほとんど癖がなく、塩焼きやムニエルでたいへんおいしく食べられました。

釣りは本来食料を得るために始められ、発達しました。釣った魚は食べるというのが本来の姿です。バス釣りはスポーツフィッシングとして今までにない広がりを見せ、「キャッチ&リリース」が広く行われています。食べるのが目的ではないから釣った魚はリリースし、生き物愛護の自然に優しいフィッシングであると主張されています。

しかし、これには大きな過ちがあります。「キャッチ&リリース」は、サイズが小さな魚は逃がしてやるというのが本来の意味です。大きくなって戻っておいで、ということです。バスフィッシングをやる人たちは、再度釣りをやりたいためにリリースしているだけで、偽善行為と言わざるを得ません。在来の淡水生態系への悪影響は一九八〇年代前半にすでに指摘されていました。それを知ったうえでリリースしている人は、確信犯と言えるでしょう。

一九九〇年代に入り、日本の川にコクチバスが相次いで見つかりました。オオクチバスが湖やため池などの止水域を主な生活の場としているのに対し、コクチバスは河川などの流水域を主な生活の場としています。すみ分けをしているわけです。止水域の淡水生態系がオオクチバスによって激変してしまったように、今度は流水域の淡水生態系が壊されようとしています。オオクチバスで止水域を壊滅させたバサーたちが、それだけでは飽きたらず、今度は流水域も壊滅させようとしています。

キャッチ＆リリースは偽善行為。針を飲み込んで口を傷つけられた魚は、リリースしても10％程度が死んでしまうという

流水域は海とのつながりがあり、止水域以上に生物の多様性が見られる場所です。様々な生活型をもった魚たちが生活をしています。止水域からヘラブナやワカサギがいなくなったように、流水域からアユやイワナ、アマゴがいなくなるのも時間の問題でしょう。

また、ブラックバス（オオクチバス、コクチバス）の放流は、釣り文化の破壊でもあります。日本各地に、魚の習性を利用した、独特の魚捕りの文化（漁法）が伝わっています。魚が違えば捕り方も異なり、同じ魚でも季節により地方により捕まえ方が異なります。本来釣りは、食べるため（生きるため）の技術の一つで、食文化と言っていいものです。しかし、生活水準の向上から、あるいは水環境の悪化から、人々は川魚をタンパク源としなくなり、また、川遊びからも遠ざかってしまいました。今日、川の文化はすたれ気味です。

とはいえ、がむしゃらに働いていた時代から低成長時代へと移り変わり、今日、本当の豊かさが求められています。そんな中で、伝統文化、伝統芸能が見直され、生活の中にある遊び・文化も注目される時代になりつつあります。

また、社会のひずみがもたらした子どもたちの「心の問題」は、体験不足が原因の一つと考えられ、社会体験、生活体験、自然体験など、身近な場所での体験が見直されつつあります。現在学校では、子どもたちの「心の教育」を目指して、「学習」の中に様々な体験が取り入れられようとしています。釣りに代表される川遊びは、すぐれた体験学習の素材となる可能性を秘めていますが、ブラックバスの違法放流は、子どもたちの学習素材をも奪うものなのです。

ブラックバスの分布拡大は違法な放流によりもたらされました。オオクチバスやブルーギルのような外来魚の放流は、全国のほとんどの自治体で条例により明確に禁止されています。釣り上げた魚を別の水系に放すこと（密放流）は犯罪行為と言えます。

④カダヤシ

佐賀市は水郷の街と言われるほど水環境に恵まれていますが、その多くは「クリーク」という止水環境であるため、古くから蚊の発生には悩まされてきました。「ブーン蚊都市」と皮肉られることもあって、佐賀市は様々な対策を打ち出しました。その一つがカダヤシの導入です。メダカと生息環境が類似するので生態系に悪影響が出るのではないかとの声もありましたが、当初は日本では冬を越せないと考えられ、放流が続けられました。しかし、心配は現実のものとなり、現在は佐賀平野の広範囲に定着しています。

一九九九年二月に、環境庁から淡水魚のレッドリストが発表されましたが、その中にメダカが含まれており、全国的にたいへんな話題となりました（第7章-3）。メダカが絶滅危惧種となった最大の理由は、主に農地の基盤整備の影響で生息できる環境がなくなったためです。メダカが生息しているのは緩やかに流れている小川や水田で、大雨で流れが速くなったときでも逃げ込める場所があるような水辺です。

佐賀平野はすでに圃場整備がほとんど終わっていますが、まだかなりの場所で数百から数千個体のメダカが群れ泳ぎ、日本有数のメダカの生息地になっています。これは大小の水路やクリークが網の目のように張り巡らされており、多様な水辺環境が残っているためと考えられます。しかしながら、この佐賀平野におい

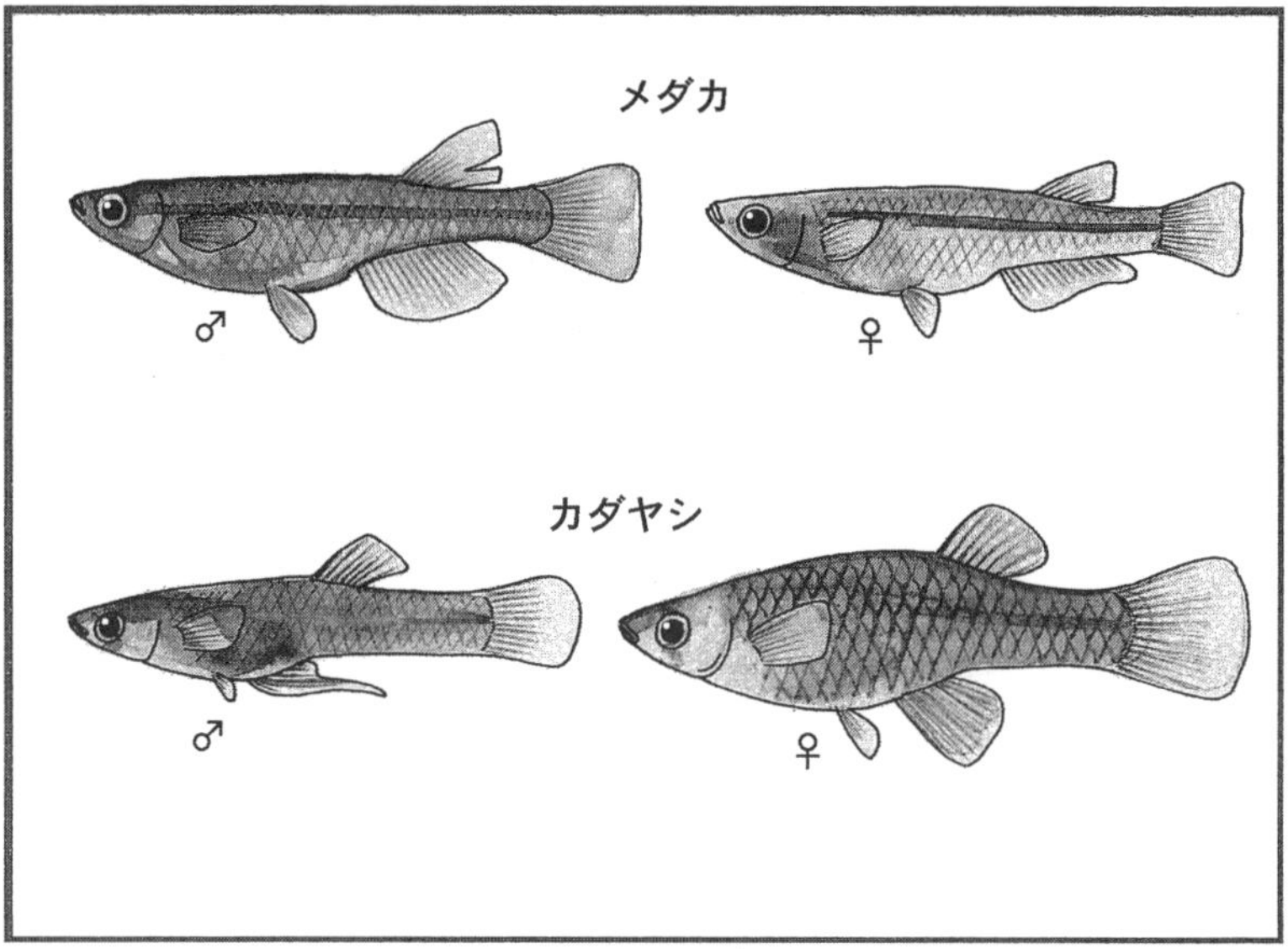

メダカ（上）とカダヤシ（下）。卵胎生のカダヤシは、産卵場所の水草がなくても繁殖できる。食べ物が競合するうえメダカの稚魚や卵を食べることもあり、メダカを追いやっている

ても、佐賀県内の淡水魚調査を行っている田島正敏氏によると、カダヤシの生息密度が高い水域ではメダカを見ることができないとのことです。競合する場所では、カダヤシに乗っ取られてしまったようです。

⑤ミシシッピーアカミミガメ

ミシシッピーアカミミガメも、日本の淡水生態系に深刻なダメージを与えている外来種です。縁日の屋台

ミシシッピーアカミミガメ。
水辺から一時期いなくなったカメが戻ってきた！と思っていたら、外来の本種であった

でミドリガメの名前で売られていたと言えば、思い出す人も多いでしょう。小さいうちはかわいいのですが、貪欲に餌を食べ、どんどん大きくなります。気性が荒く、飼育に手を焼いてしまい、ついには近くの水路に逃がしてしまった人が多かったようです。

アカミミガメは自然の水辺でもどう猛さを発揮し、環境汚染や開発により単純化した淡水生態系に、さらにダメージを与えています。自然の水辺でイシガメやクサガメのような在来種は姿を消し、アカミミガメの天下になっています。

⑥そのほかの帰化動物

水辺の動物を中心に解説しましたが、陸生動物の中にもたくさんの事例があります。北海道のアライグマ、青森県下北半島や和歌山県のタイワンザル、奄美大島のマングースなどは特に有名です。

北海道のアライグマによる被害は、ここ数年特に顕著です。その原因は、一九七〇年代に放映された「あらいぐまラスカル」にさかのぼります。この人気アニメの影響で、当時数万頭のアライグマがペット用とし

かわいらしく見えるアライグマだが、野生化して農作物を食い荒らすなどの問題が生じている

て輸入されました。アライグマは子どものときはかわいいのですが、おとなになると気が荒く凶暴になります。そのため、飼い主がもてあまし、放してしまったわけです。これらが野生化し、トウモロコシ、メロン、スイカなどの農作物を食べ荒らし、場合によっては養魚場に入り込み、魚を食べてしまいます。

アライグマが侵入した地域からは、キタキツネやタヌキの姿が消えるそうです（島口まさの、『自然保護』二〇〇〇年十月号）。おそらく、生活空間が競合し、排除されてしまったのでしょう。また、田んぼのカエルの声が聞こえなくなるとも言われています。雑食で悪食のアライグマの餌になっているようです。このように、農業被害を出しているのと同時に、在来の生態系に重大な悪影響を及ぼしています。

農業被害が広がったために、行政はその駆除に乗り出しました。しかし、動物愛護者などから「罪のないアライグマを殺すのはかわいそう。人間の身勝手だ」と抗議があったそうです。しかし、よく考えてみてください。アライグマの繁殖の裏には、その何十倍もの在来生物の犠牲（悲劇）が隠れています。人間が犯した罪の償いを在来の動物がかぶっているのです。原因をつくったのが人間であれば、それを元に戻すのも人間の責任です。アライグマを飼っていた人が最期まで責任もって飼っていれば、このような悲劇は生じてこなかったのです。

4　外来種問題は私たち人間の心の問題

野生化して日本の生態系にたいへんな悪影響を及ぼすケースをいろいろ紹介してきましたが、共通して言えることは、飼育・栽培に飽きて、あるいは手を焼いて、それを逃がして（捨てて）しまうことです。

命あるものなので、「一人で生きてくれよ」とばかりに自然に放す気持ちはわからないでもありませんが、放した外来種がそこの生態系を壊し、実に多くの在来種を死に追い込んでいるのです。無神経に放した人間が、在来の生き物を大量に死に追い込んだと言ってよいでしょう。生き物は最後まで飼うというのが責任ある飼い方ですし、最後まで責任もてないものは入手（購入）しないことが最低限度のルールです。

どんな生物でも、その生物固有の速さで移動をしていいます。そこで新しい生態系に入ったとしても、そこには厳しい生存競争があり、何千年何万年、あるいはそれ以上の時間をかけて、新しい環境に適応していきます。世界中のすべての生態系はそのような長い時間をかけてでき上がったものです。そこには生物どうしの複雑で多様な関係（相互作用）が見られ、複雑であればあるほど、生態系は安定しています。外来種問題は、人間の手でそれまで競争をしたことがない未知の生物を生態系に入れることで生じます。そのため、そこで思わぬことが起こってしまうのです。外来種が「エイリアンスピーシーズ」とも呼ばれるゆえんです。

日本には、山奥から人里まで日本固有の自然があり、たくさんの生き物たちが棲んでいました。人間の周りには、今風に言えば「里山」と呼ばれる自然がありました。ある調査によると、日本人が最も好きな動物は「赤とんぼ」、好きなアニメは「となりのトトロ」、好きな唄は「ふるさと」だそうです。いずれも日本の原風景がベースにあります。

今、私たちの身の周りで、「うさぎ追いしかの山、こぶな釣りしかの川」は、もうほとんど見ることができません。しかし、今ならそのような懐かしい自然を取り戻すこともまだ可能です。これからの子どもたちに、自然の中で遊びながら、心も体も成長するような環境を残して（取り戻して）やるのは、今の大人たちの責任だと思います。

WANTED!
問題になっている移入種
ブルーギル
ブラックバス
アカミミガメ
ボタンウキクサ
県内には、大小の河川やクリークなどが多く、水環境に恵まれ環境庁の「植物版レッドリスト」に掲載され、絶滅が危惧されるシナミズニラやサンショウモなど貴重な植物が生育しています。
また、魚類としてもカワバタモロコやニッポンバラタナゴなどが生息しています。
しかしながら、最近ではボタンウキクサ（別名ウォーターレタス）などの外来種がクリークなどで異常に繁殖したり、魚類ではブラックバスやブルーギルが増加し、自然生態系に影響を及ぼすことが危惧されています。

佐賀県の移入種問題啓発のためのパンフレット。今や移入種の侵入防止・駆除は、世界的な共通認識であり、日本でも、警戒・対策に真剣に取り組み始めた

（資料提供：佐賀県環境生活局環境課）

第6章

国際的に保全が叫ばれている生物多様性

ここまでの話の中で、「生物の多様性」という言葉を何回となく使ってきました。ここ五年ほどで、新聞紙上などでもけっこう使われるようになってきていますが、まだ一般には馴染みが薄い言葉ではないかと思います。しかし、この本の重要なキーワードの一つですので、話は少し堅くなりますが、「レッドデータブック」「保全生態学」などの言葉とともに解説したいと思います。これから、ますます重要になってくる概念ですので、しばらくおつきあいください。

1　レッドデータブック

「レッドデータブック」という言葉を聞いたことがありますか？　絶滅の危機にある生物について、その状況が記された本のことです。

一九六六年、ＩＵＣＮ（国際自然保護連合）は、世界的な規模で絶滅のおそれのある動植物の種を選定し、その生息状況などを明らかにした資料「レッドデータブック」を作成しました。わが国においては、一九八九年、日本自然保護協会および世界自然保護基金日本委員会の手によって『わが国における保護上重要な植物種の現状』が、一九九一年には環境庁の野生生物保護対策検討会による『日本の絶滅のおそれのある野生生物（脊椎動物編）』と『日本の絶滅のおそれのある野生生物（無脊椎動物編）』が相次いで刊行されました。

　一九九四年にＩＵＣＮが定量的な新しいカテゴリーを採用してから、環境庁（当時）は定性的要件と定量的要件を組み合わせた新しいカテゴリーのもとで見直し作業を続けています。まず、絶滅の危機にある生物の一覧である「レッドリスト」を公表し、その後細かなデータをつけた「レッドデータブック」を刊行することになっています。二〇〇一年十月時点で、両生類・爬虫類（二〇〇〇年二月）と維管束植物（二〇〇〇年八月）、維管束植物以外の植物（二〇〇〇年十二月）についてレッドデータブックの刊行が行われ、哺乳類、鳥類、汽水・淡水魚類、昆虫類、甲殻類等、陸産貝類、淡水産貝類そしてクモ形類・多足類等について、レッドリストが公表されています。

左は順次刊行中の環境省による全国規模のレッドデータブック。地域のレッドデータブックも次々に発表されており、右は2000年12月に発行された佐賀県版レッドデータブック

今日、このレッドリストやレッドデータブックが、様々な場面で活用されています。例えば、公共工事が行われる際には、事前に環境アセスメント（環境影響評価）が行われることがありますが、その際に掲載種が見つかると、その生物をどうするか、工事をどうするかが検討されます。

レッドリストやレッドデータブックに掲載してある生物が見つかっても、法的にはそれを保護する義務はありません。しかし、環境基本計画が様々なレベルで策定されていて、また各省庁がそれぞれ独自に希少生物の保護についての指針を作成していますので、現実問題として希少生物の保護・保全は避けては通れない状況になっています。

保護対策の方法としては、工事計画を見直す（ルートの変更など）、工事の方法を修正する（動物のためのアクセス道路をつくるなど）、保護すべき生物種を移植する、などがあります。計画初期の段階で希少生物が知られていれば、工事計画の見直しを含めた検討が可能ですが、これまでの実例で言うと、基本計画ができ上がり修正が不可能な段階で環境アセスメントが行わ

アサザ。かつては日本各地の湖沼やため池でふつうに見られた水草だが、「絶滅危惧Ⅱ類」として、レッドデータブックに掲載されている

れており、生物をどこにどんな方法で移植するかを検討する場合がほとんどです。たとえ希少生物が見つかっても、それをどこかに移せば免罪符がもらえるといった風潮があるのが気がかりです。

前述したとおり、生物はそれが生活していたその場所で環境ごと守られるのが理想です。守るべきものは種ではなく、環境や群集です。生物には寿命がありますから、子孫が残せる環境が整えられて、本当の保護が可能となるのです。環境アセスメント法が整備されましたので（環境影響評価法、一九九九年六月施行）、今後はその方向で検討されることを期待したいものです。

2　生物多様性とは

淡水生態系は河川のような流水環境とため池、水田のような止水環境に分けられます。同じ流水環境であっても水温や流速の違いから、河川の上流部、中流部、下流部では生活している生物群が異なっており、同じ流域部であっても右岸側と左岸側、あるいは水際と川底では種構成が異なります。また、同じ止水環境であっても、ため池と水田では生活している生物群が異なっています。このように、地球上にはマクロなレベルからミクロなレベルまで様々な生態系があり、それぞれの環境に適応した一群の生物が生活しています。これを「生物集団（生態系）の多様性」があるといいます。

植物群落は気温と降水量の影響を受けて成立しますが、植物の種類が多いほど、そこに生息する動物種も多くなります。人工的に管理する農地には、比較的単純な生態系しか成立しません。ある生態系の中で生活している生物の種類が多い場合、「種の多様性」が高いと言います。

また、生物はふつう、同じ種であっても地域によって少しずつ変異があり、特に移動能力が小さな生物で顕著です。それぞれの土地で長い年月の間に独自に分化しており、その歴史は遺伝子の中に刻み込まれています。地域によって遺伝的に少しずつ違うわけです。

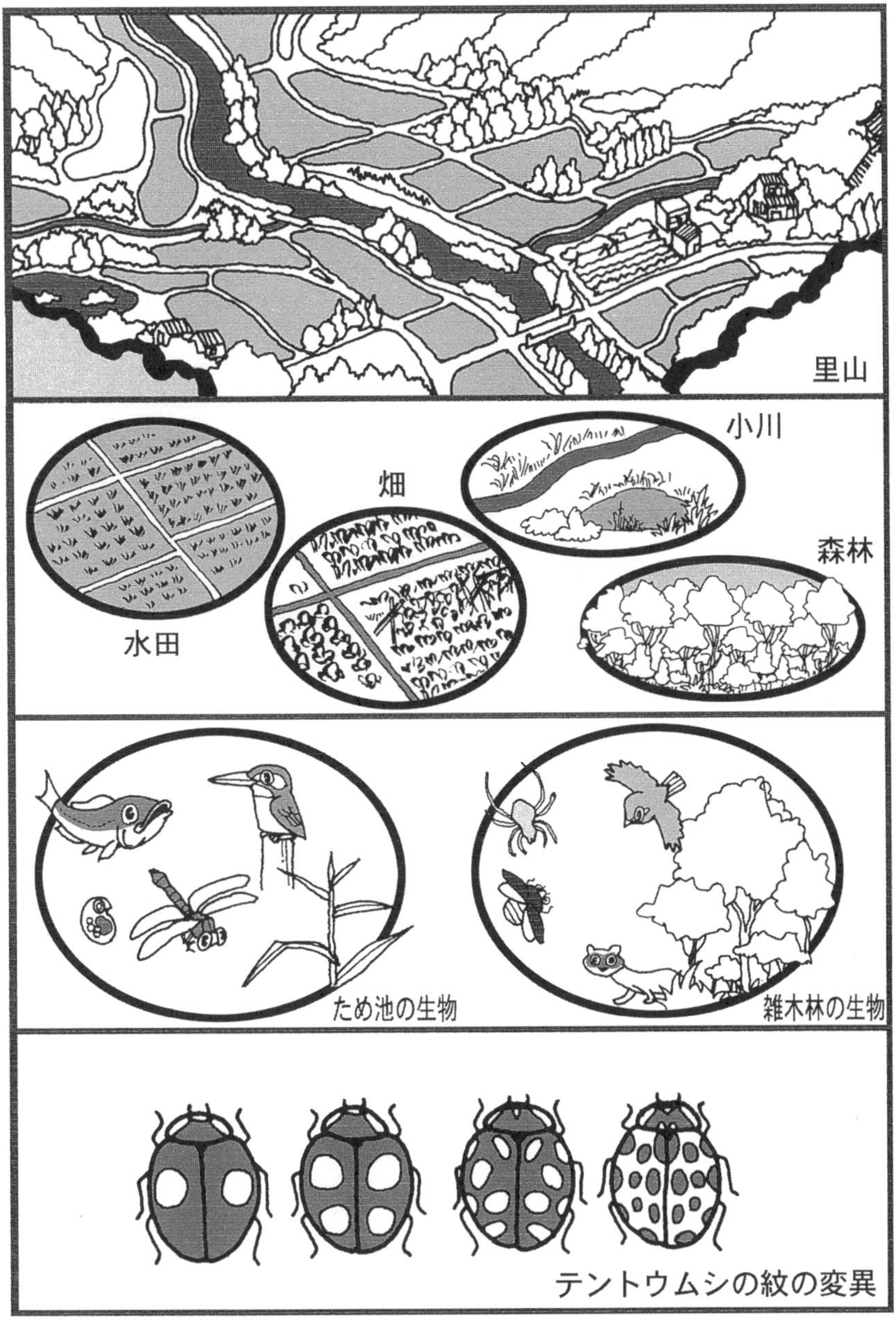

三つ、あるいは四つのレベルでとらえられる生物多様性。上から、景観の多様性、生物集団(生態系)の多様性、種の多様性、遺伝子の多様性

これを「遺伝子の多様性」があるといいます。一般に、遺伝的多様性が高いほど、種としての健全性が高くなり、突然の環境変化にもうまく適応できると考えられています。人間と同じように、そこに棲んでいる生物たちにも、それぞれ〝ふるさと〟があるといってよいでしょう。

このように、生物の多様性は通常「遺伝子の多様性」「種の多様性」「生物集団（生態系）の多様性」の三つのレベルでとらえられていますが、さらにもっと大きな空間的ネットワークである「景観の多様性」まで含んで考えることもあります。様々な植生が組み合わさり、生態系よりも大きな空間的スケールを持つ高次システムです。

人類は「医薬品の改良」「農産物の品種改良」あるいは「レクリエーションの対象」などに多くの生物を利用してきましたが、それでも全生物種の一％にも満たないのが現実です。まだ、人類に知られていない生き物が多数いる中で、人知れず滅びていく生き物たちがいます。その中には、今日なお不治の病と言われる病気の特効薬が隠れている可能性もあります。生物の多様性を失うことは、人類の役に立つこれらの可能性も失うことにもなります。

3 生物多様性の保全を目的とした学問分野「保全生態学」

近年、「保全生態学」という学問分野が注目されています。

『保全生態学入門』（鷲谷いづみ・矢原徹一 著、文一総合出版）によると、「保全生物学は、『生物多様性の保全』という明確な実際的目標をもち、その実現のための指針と技術の確立をめざす学問的営為である」と定義され、また「自生地における種・個体群およびその遺伝的変異性の保全、さらには生態系や景観の保全をめざすとき、生態学が保全生物学の中で果たす役割には特別なものがある」として「保全生態学は保全生物学の核を担っている」と述べられています。すなわち、生物多様性の保全をめざした学問分野が保全生態学であり、これは一九八〇年代から注目されてきた非常に新しい学問分野です。

生物多様性の土台となる種の保全は、原則としてその生物が生活していた場所で行う必要があります。生物はその場所で、同種、異種の生物と様々な関係を保ちながら、長い時間をかけて進化してきたからです。本来それがメンバーとなっていた生物群集、生態系から取り出してしまうと、その生態的・進化的意義を失うことになります。

生物を絶滅に追い込む要因はいろいろありますが、特に**①生活環境の破壊**、**②生息地・生育地の分断・縮小**、**③外来種の侵入**、の三つが重要な要因とされています。開発等により生育地・生息地が破壊され、地理的な分断・隔離が起こります。その結果、遺伝的な多様性が低下し、環境適応力が低下します。そこに外来種（移入種）が侵入すると、不安定になった生態系を壊滅状態に陥れます。このようにして、絶滅への道を歩み始めるのです。

保全生態学は新しい学問分野であるために、種の保全のために取るべき手法が、まだ確立されていません。ですから、今できる最善の方法は、生物多様性に富ん

生物を絶滅に追い込む三大要因

だ優れた生態系をできるだけそのまま、できるだけ広く保全することです。ただ、そこで注意すべきことは、「原生的な自然」はそのまま手つかずで保全すればよいのですが、「二次的な自然」は適度な管理をしながら保全する必要があることです。

「二次的な自然」とは、人間活動とともに形成され維持されてきた自然のことで、雑木林、ため池、水田、小川、草刈り場などがセットされた、いわゆる「里山」がその代表です。以前は、生物の研究者からもあまり注目されていなかったのですが、ここに意外と多様な生物が生活していることがわかり、生物多様性を育む重要な環境であると認識されています。

しかし、今、生物多様性が急速に損なわれつつあるのが、「里山」をはじめとする二次的な自然なのです。その中でも、最も危機的なのが水辺と草地です（第7章-4）。人間が関わり方を変えてしまったり、関わるのを止めてしまったため、自然が荒廃してきているのです。保全生態学が最も必要とされている自然がそこにあるのです。

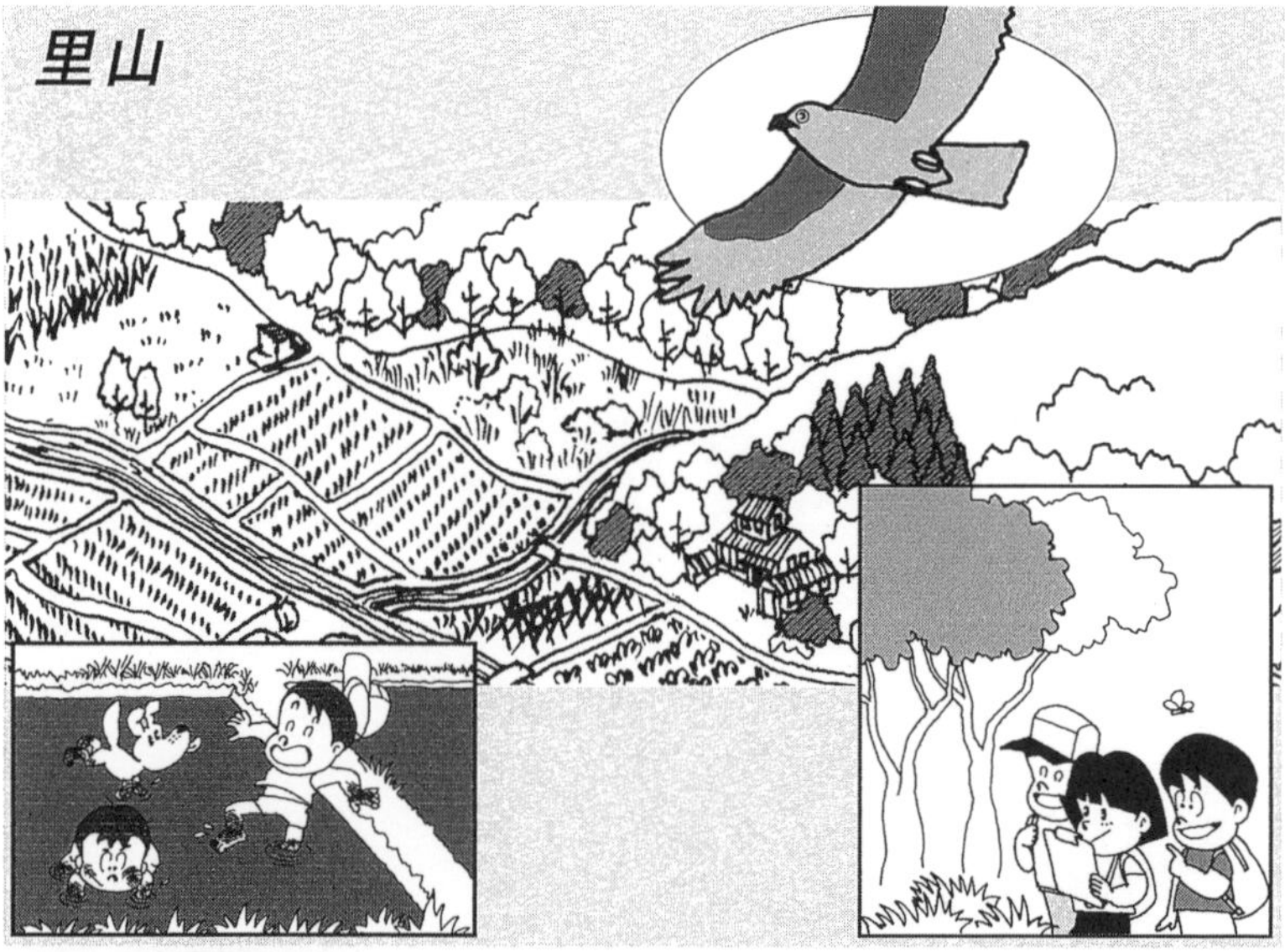

林や畑、田んぼや小川。昔から人と自然が織りなしてきた農村風景が里山であり、今、急速に衰退しつつある

4　地球サミットと生物多様性条約

地球規模の環境問題が騒がれるようになったのは、一九八〇年代後半からですが、一九九二年にブラジルのリオデジャネイロで、地球環境問題を話し合う本格的な国際会議「環境と開発に関する国連会議」（UNCED）すなわち「地球サミット」が開催されました。ここでは、地球温暖化、オゾン層破壊、熱帯林破壊など地球規模の環境問題が数多く議論され、そこで示されたキーワードが「持続可能な開発」です。

すなわち、開発により環境や資源を利用する場合、将来の世代のことも考えて、環境や資源を長持ちさせる必要があることを示したもので、これまでの効率第一主義からの転換を求めたものです。さらに、世界中のすべての生物は人類にとってかけがえのない利益をもたらす可能性があるとして、絶滅の危機にある生物を保全する責任を負う「生物多様性保全条約」が署名され、一九九三年十二月に発効しました。日本もこの条約に署名しています。

「生物多様性保全条約」は、生物多様性保全のための国家戦略の策定、絶滅のおそれのある種の保護・回復、保全上重要な地域の選定とモニタリング、環境アセスメント制度の導入などを締約国に求めています。それまでの生物保護の国際条約は、種を指定するだけで、生息地や環境まで配慮するものは少なかったようです。その点、「生物多様性保全条約」は生物とそれを取り巻く環境をいっしょに守ることを目的としているために、より効果あるものになったと言えます。

日本においては、「絶滅のおそれのある野生動植物の種の保存に関する法律（種の保存法）」が一九九三年四月に施行され、一九九五年十月には「生物多様性国家戦略」が策定されました。また、各都道府県や全国の市町村で「環境基本計画」が策定されており、その中に『生物多様性の保全』が盛り込まれています。このように、政策面においても「生物多様性の保全」は重要課題と認識され、この概念は今後日常生活の中にも取り入れられていくと思われます。

上：デンジソウ、中：アカウキクサ、下：オニバス。いずれもレッドデータブック掲載種である。水辺の危機が指摘されているが、水草の消滅も著しく、日本産水草の約４分の１が絶滅の危機に瀕している

第7章

善意が引き起こす環境破壊

この本では、「ケナフがもつ話題性と筆者が考える問題点」からスタートし、「外来種問題」、そして「生物多様性の保全」へと話を発展させてきました。

この章では、さらにその延長線上にあると思われる取り組みについて、話を進めます。それは、活動している人が気づいていない自然破壊です。地域に根づいた活動、NPOによる活動、教育現場で行われている活動など、むしろ一般には善意と思われている活動の中に、野生生物の側から見ると困った問題が内在しているものがあります。

戦後の日本は、その日食べるものさえ困るような劣悪な状況からスタートし、先進諸国に追いつけ追い越せとばかりに、必死に働いてきました。気がつくと、日本はアメリカと肩を並べるくらいの経済大国になっていました。しかし、大気や川や海は致命的に汚れ、たくさんの生き物の姿が身の周りから消えていきました。経済的な豊かさと引き替えに、生きるために必要な基本的な環境を失っていることにようやく気がつき、そのような中から様々な市民活動が生まれてきました。

「自然とのふれあい」をキーワードとした取り組みは年々多様化し、全国各地で、生き物を身近に取り戻そうとする活動や、環境復元の取り組みが盛んになっています。しかし、生物学的には「やってはいけないこと」が安易に行われているという実態があるのも事実です。人間の都合が活動の中で優先されるため、生き物にとって本当にいいことなのかが、充分吟味されていないためです。

　活動している人たちは、「たいへんよいことを行っている」と考えているため、問題点の指摘があってもなかなか伝わっていきません。というより、むしろ反発されることが多いようです。

　具体的な例としては、ホタルやコイの放流に代表される生き物の移動です。「移入種問題」という枠でくくることができますが、外来種問題より、さらにやっかいな問題点が指摘されています。そこにどんな問題があるのかを、考えていきたいと思います。

1 ホタルの里づくり

　ホタルはきれいな水の象徴として扱われ、ホタルが飛び交う水辺は日本人の心のふるさととして人々の心を引きつけています。そのため「二十一世紀に残したい日本の自然」などのアンケートがあると、日本中からホタルに関するものが挙がってきます。全国には、数百のホタル保存会や育てる会が存在すると思われ、地域おこしの中心的テーマとなっています。保存会の人たちは、きれいな水辺環境を復元したい、乱舞していたホタルを呼び戻したいという純粋な気持ちで、しかもボランティアで取り組んでいますが、これがホタルに重大な悪影響を及ぼしていることがあります。

　日本の水辺にはゲンジボタルとヘイケボタルの二種類のホタルが生息しています。ホタルと言えば、日本ではこのどちらかを思い浮かべますが、幼虫が水中で生活するのは世界的にもまれで、大部分は畑や林内に生息しています。この二種類は、ホタルとしては特異な生態を持っているわけです。

ゲンジボタルは全国の河川に生息しています。清流のイメージで語られますが、実は「水清くして魚住まず」のたとえと同じで、本当の清流では見ることはできません。昔からホタルが生息していたのは人里近くであり、いくらか家庭排水が流れ込み、適度に汚れている水辺です。このような水辺にはケイ藻などの藻類が発生し、カワニナがそれを食べて成長し、カワニナをホタルの幼虫が食べるという食物連鎖が成立しているのです。そのような場所で、今日「ホタルの里」と銘打って地域おこしが行われています。

これに対し、ヘイケボタルは、水田のような止水環境を好みます。水田は大量の農薬が散布され、ヘイケボタルが生息するにはたいへん厳しい環境です。そのため、ヘイケボタルで「ホタルの里」づくりをしている地域はあまり多くはありません。

ゲンジボタルによる地域おこしは、古いところでは二十年以上の歴史を持っています。多くの場合、ホタルの里づくりは幼虫の養殖から始まります。その場所の個体を用いていればいくらかはましですが、全く異

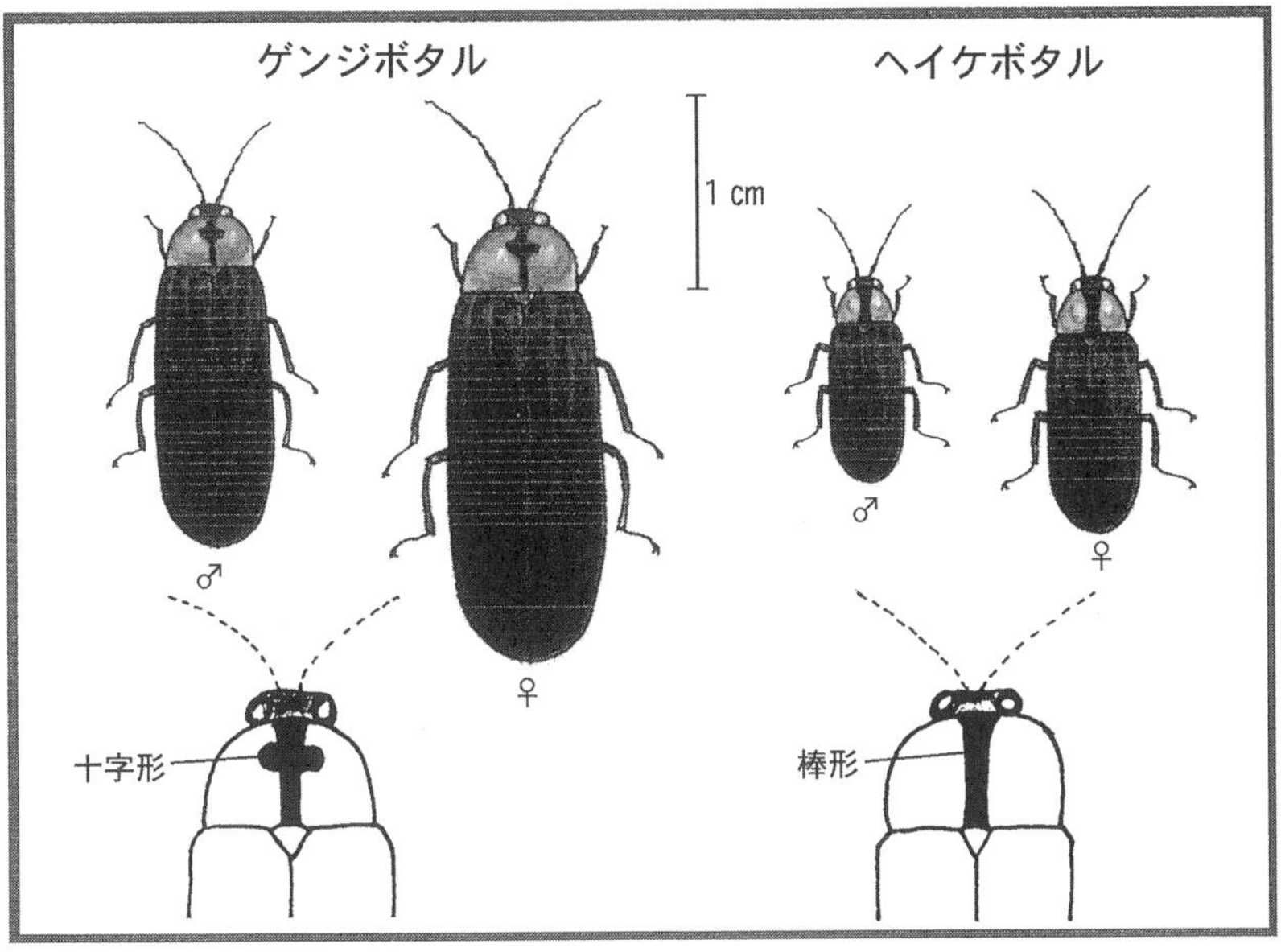

ゲンジボタルとヘイケボタルのからだの違い

なる水系から持ってくることもあるようです。

遺伝子撹乱——同じ種でも遺伝子は違っている

ゲンジボタルは、東日本と西日本で発光パターンが異なることが古くから知られています。東日本が四秒おき、西日本が二秒おきに点滅を繰り返します。フォッサマグナ付近で分布が分かれていますが、過去にはこの線をまたいでのゲンジボタルの移動が行われたこともあるようです。最近、ゲンジボタルの遺伝子解析が行われ、これまで知られていた二タイプだけでなく、六タイプあることがわかりました。東北グループ、関東グループ、中部グループ、西日本グループ、北九州グループ、南九州グループの六つです。

ゲンジボタルは羽を使って飛翔できますが、移動能力は小さく、最大でも一生の間（野生のものは平均四日間）に上流に向かって五〇〇メートルほど移動するだけと言われています。たとえ隣の河川であっても、そこに行き着くのはまれです。

したがって、ある水系に生息しているホタルの集団は、その場所で何千年、何万年（あるいはそれ以上）と生存してきた歴史があり、それは遺伝子の中に刻み込まれています。ほかの河川とは遺伝的な交流がほとんどありませんから、これを人間の手で動かしてしまうと、遺伝子の交雑が起こり、その地域の遺伝的特性が失われてしまいます。これを生物学では、「遺伝子撹乱」または「遺伝子汚染」と言います。

水系によって遺伝的特性が異なることは、言い換え

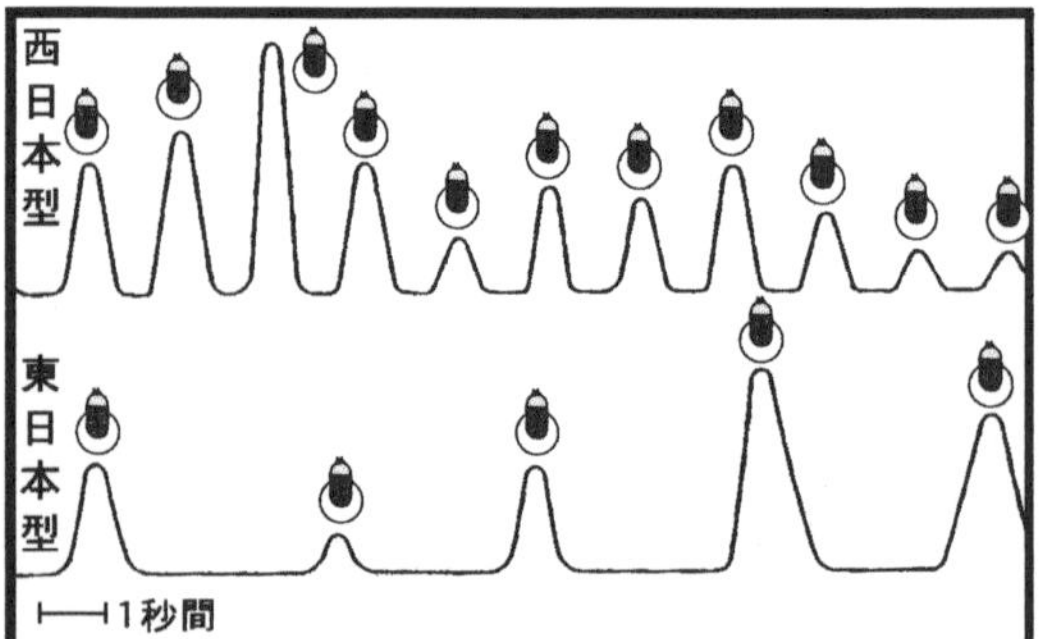

ゲンジボタルの発光パターンの違い。
西日本型は２秒おきに光り、東日本型は４秒おきに光る
（大場信義『ゲンジボタル』文一総合出版、1988年、p.41の図18をもとに改図）

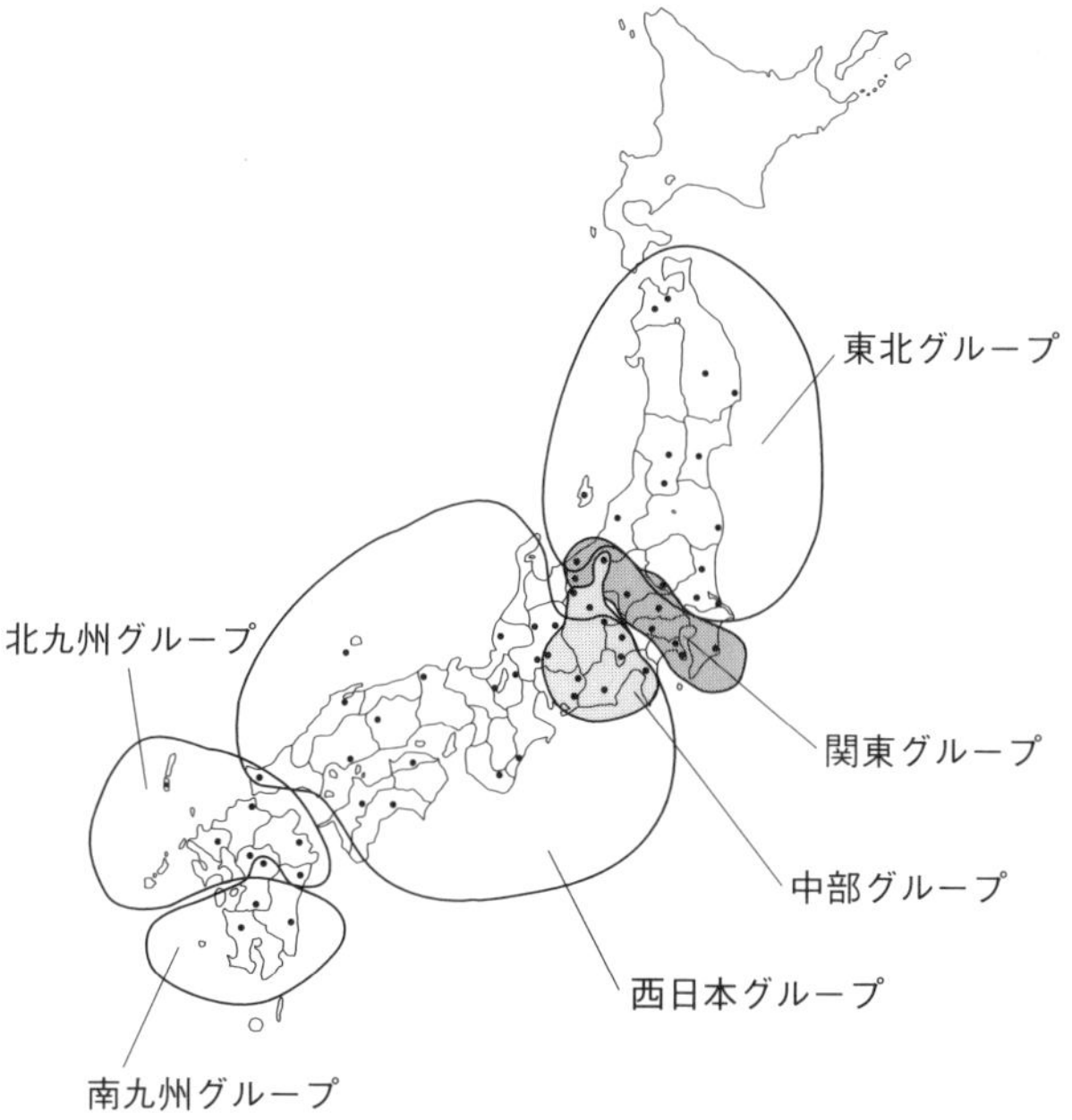

ミトコンドリアＤＮＡからみたゲンジボタル集団の遺伝的変異と分化。日本国内で６集団が認められた
（出典：鈴木浩文・東京ホタル会議「ホタルの保護・復元における移植の三原則」『全国ホタル研究会誌』第34号、p. 9図１の一部）

れば遺伝的な多様性が高いことになります。遺伝的な多様性が高いほど、種としてより安定した健全な集団とみなされます。種が絶滅に向かうときには、個体数が減少すると同時に、遺伝子の多様性も低下するものです。人間の手による個体の移動は生態系の破壊になり、特に遺伝的に六タイプあることがわかった以上、近くの水系であっても移動は厳に慎むべきです。

次に、同じ水系での人工繁殖についてはどうでしょうか。ゲンジボタルでは、一匹の雌が平均して八三五個の卵を産むというデータがあります。これだけの産卵数があっても、自然界ではこのうちの二個体前後が成虫になるだけです。一ペアの親から二匹のホタルが誕生すれば、集団の大きさは維持できるからです。

これに対し、人工繁殖させると、生活史の中での死亡率は大幅に低下しますので、同じ親から生まれた遺伝子の類似した個体が大量に生じることになります。当然、元の集団が持つ遺伝的多様性は備えていません。このことは、ある集団から一部の個体が分かれて、それが新しい集団をつくった場合と似ています。新しい集団の遺伝子組成は、元の集団とは違ったものになることが、集団遺伝学的に指摘されています。

このような人工繁殖されたホタルの集団が放流されれば、地域集団に遺伝的な偏りが生じます。これも遺伝的な撹乱です。具体的な弊害としては、例えば、放流された集団がある病気に弱いという性質を持っていたとすると、その性質が地域集団の中に広がっていくことになります。

また、ホタル以上に問題なのがカワニナの移動です。ホタルを放流するとき、餌となるカワニナもいっしょに放流することがあります。河川環境の悪化とともにカワニナも減少したためですが、極端な場合、過去にホタルが生息していなかった河川に、カワニナとホタルの幼虫をいっしょに放流して新しい名所にしようという試みも知られています。

カワニナは、水から出たら生きていけません。したがって、ホタル以上に河川に依存して生活しています。遺伝的な分化もかなり進んでいて、川によってすべて系統が違うと言ってもよいくらいです。例えば、神奈川県三浦半島の中だけでも、様々な形態や習性を持つカワニナが生息していることが知られています（大場信義 著『ゲンジボタル』、文一総合出版）。

ホタルは養殖で殖やしますが、カワニナは川からごっそり持ち出すことが多く、搾取と言ってよい行為です。遺伝的な撹乱はゲンジボタルで解説したとおりですが、大量に搾取された川では、食物連鎖に変化が生じ、川の生態系が変わってしまうほど、影響が出ることも心配されます。カワニナの移動はホタル以上にやってはいけない行為なのです。

持ってくる前に、環境を整えることを始めよう

もう一つ気になるのは、市民団体と行政が連携してホタルの里として整備している河川を見ると、ホタル以外の生き物がほとんどいないことです。ホタルの幼虫が好む環境は、砂礫質で流れがあまり速くなく、そして浅い水域です。また、カワニナが好むのは砂泥質で、藻類の発生が多い水域です。このような環境を人工的につくると、そこには魚の侵入は難しく、オイカワ、カワムツ、ヨシノボリ類くらいしか見られなくなります。魚にとって最も重要な瀬と淵が連続する環境がつぶされているためです。植生もツルヨシ、ネコヤ

ナギを中心とした典型的な中流域の植生で、やはり環境の多様性がないため単調です。

　さらに今日、多くの河川にたくさんの堰《せき》があることも、河川生態系を単純にしている原因でもあります。堰の上流側では、河床が平坦になります。ホタルしか棲めない川は、健全な河川生態系ではありません。

　ホタルに関する遺伝子攪乱は、私が知っている限り、一〇年以上前から指摘されていました。しかし、なかなか浸透しないどころか、活動をされている方から反発されることもあります。その際、しばしば出される気になる議論があります。それは、河川環境復元への貢献です。

　一時期いなくなった場所にホタルが復活したことで、人々の心に環境保全の気持ちが芽生え、また、地域がまとまるのに役立っているというものです。もちろん、その効果を否定はしませんが、「ホタルの里」づくりに、「人間の都合」が優先されている状況が気になります。すなわち、親水機能を重視した河川整備や、ホタルの季節に川面を照らし出店が並ぶ風景などです。そこにはホタルにとって何がよいことなのかとい

こんな「ホタルの里」では、ホタルがかわいそう……

う視点は見られませんし、また、ホタルの生活史を理解し、仲よく共存していこうとする姿勢も感じられません。単に、地域の活性化にホタルを利用しているだけという印象です。

奉仕的に活動しているグループの方には厳しい指摘だと思いますが、人工繁殖はホタルの立場で考えると遺伝子の攪乱となる可能性があり、種の適応力を低下させるものです。さらに、河川生態系にも悪影響を及ぼす可能性があります。

今日ホタルが減少した第一要因は、やはり環境の悪化です。護岸のコンクリート化、河原植生の破壊、河原土壌の攪乱、水質汚濁等です。ゲンジボタルが自然状態で生存するためには、産卵のための湿ったコケ、カワニナがいる水辺、幼虫が潜り込む湿った土、成虫が羽を休める、あるいは外敵から身を隠す草むらが必要です。

絶滅寸前であれば人工繁殖も必要ですが、佐賀県においては、ゲンジボタルは山手のほとんどの河川に、まだたくさん生息しています。全国的にも、地方ではそうでしょう。環境を整えてやれば、すぐに戻ってく

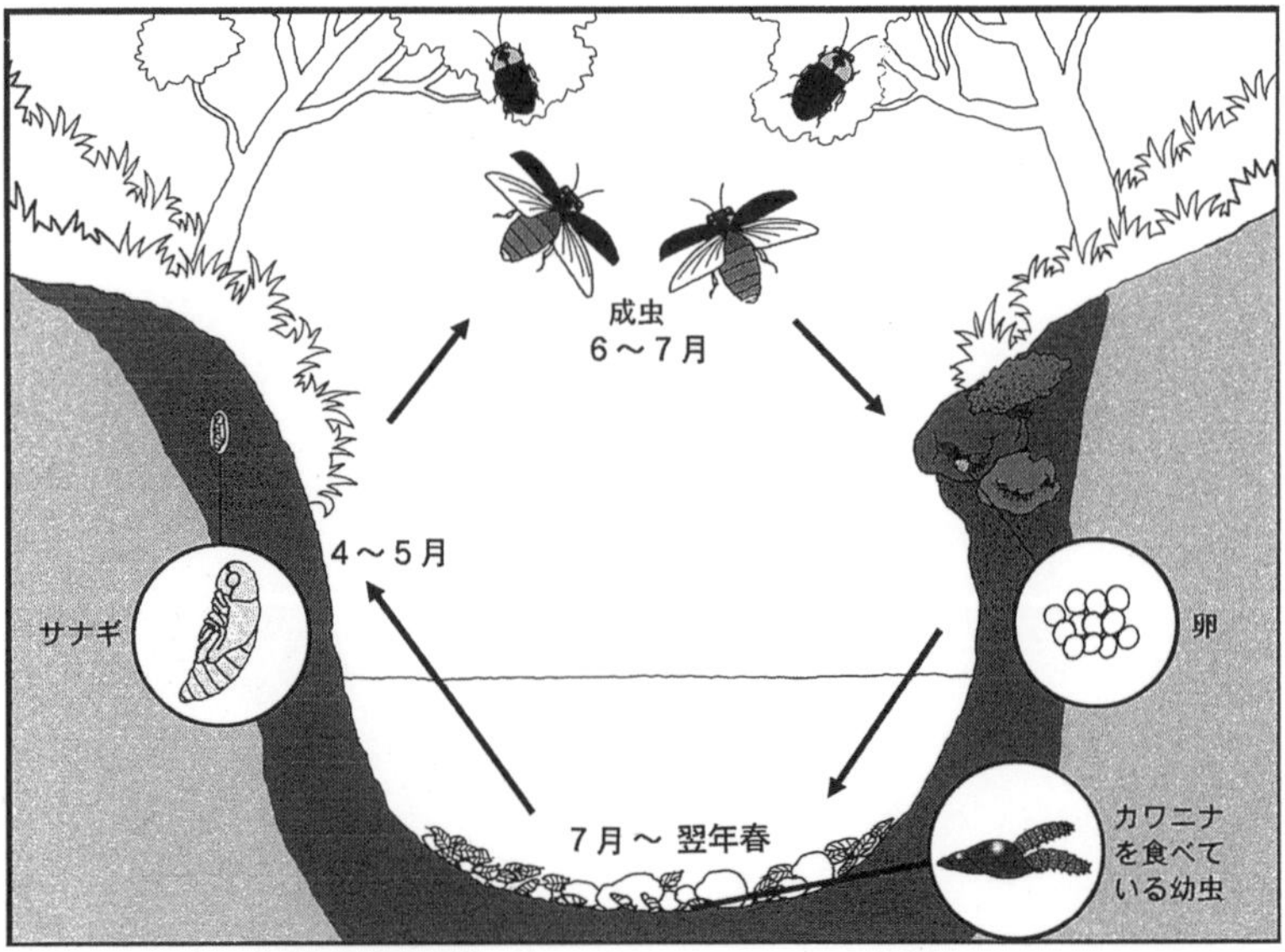

ゲンジボタルの生活史。ホタルの一生と餌のカワニナのことを考えれば、どんな環境を整えればよいか、自ずとわかってくる

るのが昆虫のたくましさです。人工繁殖を試みる前に、ホタルにとって棲みよい環境（健全な河川生態系）を復元してやり、ホタル自らの力で繁栄できるように手助けする、これが本当の自然保護ではないでしょうか。ホタルが群舞する水辺は、同時に多くの水生動植物の楽園でもあってほしいものです。

2　コイを放して環境浄化？

善意の行為として報道されるコイの放流

コイ放流に関する代表的な新聞記事を紹介します。

①Ａ小六年生九六人が、総合的な学習の一環として町内の池を掃除し、そのとき捕まえたコイ、フナ、ソウギョなどの淡水魚を近くの川に放流した。

②Ｂ町の町長が小学校で課外授業を行い、今はヘドロで汚れている小川が「昔はきれいで魚もたくさんいた」と話したところ、児童から「信じられない」と驚きの感想が寄せられた。このことがきっかけで、町は学校横の小川の清掃を行い、ニシキゴイ約一五〇匹を放流した。

③Ｃ地区の地域おこしグループは、保育園児七五名と一緒にコイの稚魚一万匹を川に放流した。地域でホタルの里づくりなどに取り組んでいる同グループは、子どもたちに川や自然を愛する気持ちを持ってもらおうと初めて企画した。

④Ｄ市は、約一〇年前から川にコイの放流を続け、市民の憩いの場づくり、河川浄化に功労のあった同市のＥさんを表彰した。

このように、コイの放流はホタルの場合と同じで、河川環境の浄化と関連した、善意の行為として報道されていることが多いようです。しかし、コイの放流には次のような問題点も指摘されています。

コイやフナなどは河床や湖底の泥の中に潜む底生動物（ユスリカの幼虫やイトミミズ、トンボのヤゴなど）を好んで食べます。底生動物は、水中の有機物を体内や泥の中に取り込み固定するため、水質を向上させたり、透明度を高めたりする働きがあります。コイがこれを食べて糞を出すと、底生動物が泥の中に固定した有機物を再び水中に戻すことになり、またコイが泥を引っかき回すことで、栄養塩を水中に拡散させます。

日本人は公園の池やお堀にコイを放流することを好みますが、この行為が水を汚し、透明度を下げる原因であるという指摘もあります（コイがいる池ほど汚い）。

また、前述のとおり、コイは底生動物をかなり無差別に捕食するため、閉鎖的な水域にコイを放流すると、コイ以外の生き物がほとんどいなくなることが報告されています。もし、トンボ池にコイを放すと、ヤゴが食べられてトンボがいなくなるのです。

また、コイは在来種ですが（もともとは中国原産で、日本列島が大陸と陸続きになったときに渡ってきたと言われています）、ニシキゴイは突然変異で生じた形質を改良したものです。したがって、遺伝的にはたいへん偏りがあると言えます。それを自然の水系に入れるのは、明らかな生態系の破壊になります。在来種であるコイについても、水系を大きく超えての移動は、遺伝的な撹乱をもたらします。

閉鎖的な水域にコイを放すと、コイ以外の生き物はほとんどいなくなってしまう

河川の汚染をコイでごまかしてはいけない

コイの放流が市民活動として行われた背景には、汚れた河川に人々の眼を注目させるというねらいがあったと聞いています。本来日本人は川と密接なつきあいがあり、多様な川文化が生まれています。ところが高度成長期の頃、都市河川の汚れはピークに達し、人々の意識は河川から遠ざかっていきました。河川に対する愛着心が失われていったと言ってもよいでしょう。生命が感じられない河川は、コンクリート化が進むと、ますます人々の心から離れていき、ゴミ捨て場と化したところもありました。

そのような状況に心を痛めた一部の人たちが、市民活動としてコイの放流を始めたわけです。このときにニシキゴイがしばしば用いられたのは、目立つという理由があり、コイが汚染に強いことも都合がよかったようです。

汚染された河川にニシキゴイが泳いでいれば、人々の心に留まり、川にゴミを捨てる人が減ると考えたようで、実際にその効果があったと聞いています。また、河川の浄化には行政も力を入れており、工場廃液の規制、下水道の整備などで効果が上がっています。

河川の汚染については、有毒物質に関してまだ課題を残していますが、市民の意識向上、行政指導の効果があって、透明度はかなり改善されています。したがって、今まで行われてきた市民活動は一定の成果が上がったと考えられ、これ以上のコイの放流は逆に水辺の自浄能力を低下させるだけで、意味をなさないと思われます。これからは、本当の意味で河川生態系のことを考える時代となるべきです。少なくとも、これまでに放流されたニシキゴイは回収する義務があると考えます。

3　絶滅危惧種メダカを救おう

環境庁から淡水魚のレッドリストが公表されたのは、一九九九年二月のことです。その中にメダカが含まれていることはセンセーショナルに報道されました。身近なところから、いろいろな生物が姿を消しつ

群れ泳ぐメダカ。昔はどこでもふつうに見られた生き物が、なぜ絶滅危惧種になったのか。そこの環境はどのように変わり、それが人間にとってどんな価値があるのか、考えなければならない

つありますが、「まさか、あのメダカが！」という思いを、多くの人が感じたためでしょう。つい三〇年前までは、どこにでもごくふつうに生息していたメダカが、なぜいなくなってしまったのでしょうか。

田んぼが育んだ魚・メダカが消えた背景

メダカは田んぼに水が入ると間もなく、小川から遡上しそこで夏まで繁殖します。そこはミジンコが無数に発生し、餌には不自由しません。逆に外敵はあまりいません。大雨が降っても濁流になることはなく、メダカにとって理想的な生活空間でした。イネが成長して田んぼから水が落ちる頃までが、繁殖の季節です。

田んぼの周辺には小川があり、田んぼから水が落ちると、生活の場を小川に移すことができました。その頃には水草も繁茂し、雨が降って急流になっても、水草に身を隠せば難を逃れることができました。人間の農作業のリズムにうまく乗って、人間活動と共存していました。まさにメダカは、水田生態系が育んだ生き物だったのです。

しかし、一九七〇年頃より始まった農地の基盤整備

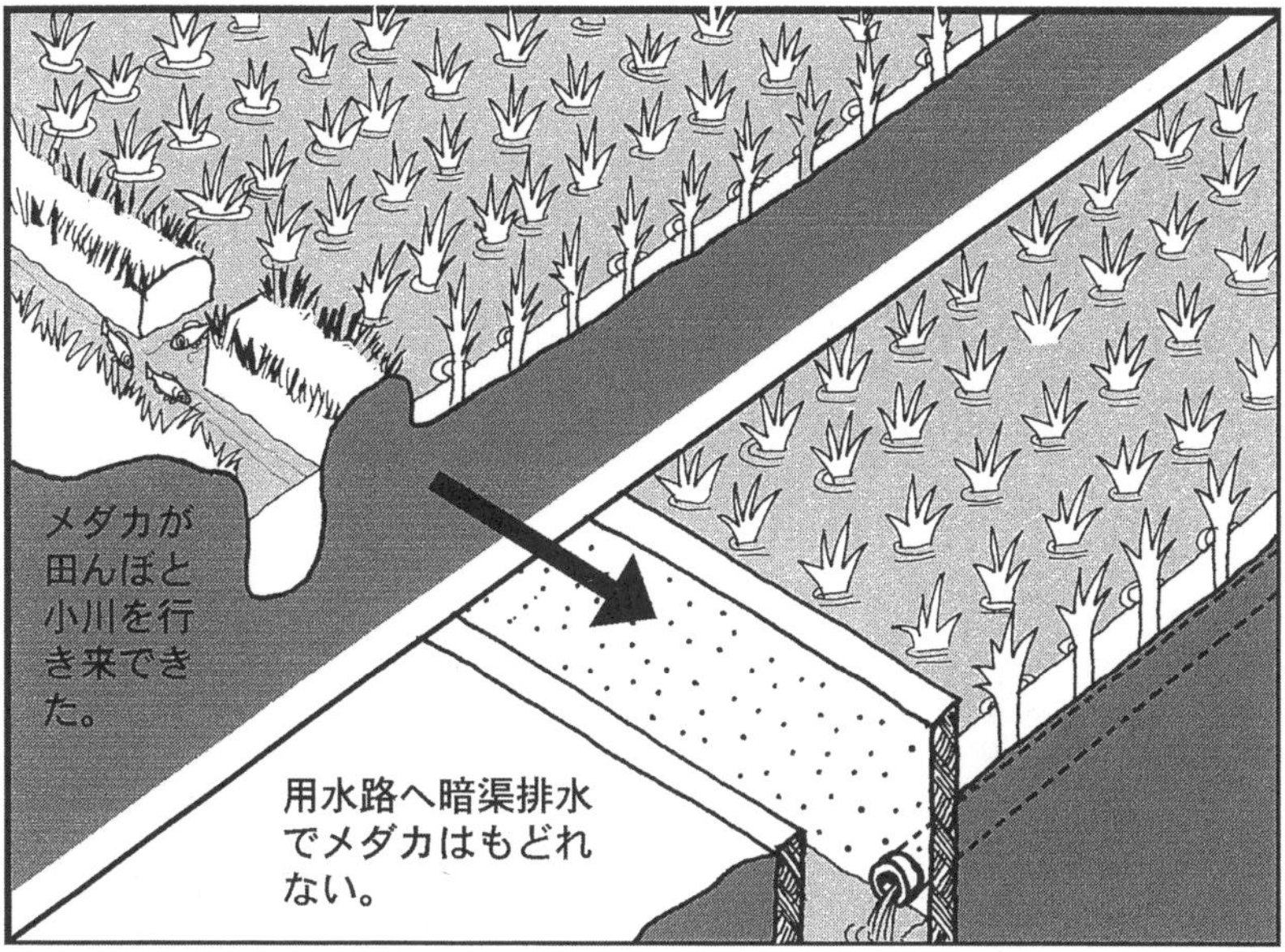
メダカが田んぼと小川を行き来できた。
用水路へ暗渠排水でメダカはもどれない。

昔は田んぼと水路の段差が少なかったが、基盤整備により水のネットワークが途切れた

は、環境を激変させました。それまではメダカだけでなく多くの生き物が、ため池、河川、小川、水田と水でつながったネットワークを自由に行き来していました。農地の基盤整備は、まずこの水のネットワークを切断しました。田んぼの水はポンプで汲み上げるようになり、排水は地中に埋められた排水管（暗渠《あんきょ》）から小川（水路）に落とされるようになりました。

メダカは田んぼに上がれなくなりました。田んぼの周りにあった小川の多くは、三面コンクリートの水路に変わってしまいました。そこにはもう水草が生えることはなく、たとえメダカがいたとしても、雨が降ると急流になり、遊泳力が弱いメダカは流されてしまいます。

基盤整備の目的の一つは、田んぼを乾田にすることです。稲作が終わると、麦や大豆などの畑作物が生産できるように水を落とし、水田地帯から水がなくなるようになりました。何とか夏を乗り切ったメダカがいたとしても、冬場は水がなくなり、メダカが生存できる環境が失われてしまったのです。このように、日本中からメダカがいなくなったのは水のネットワークが途切れ、自然が持つ多様な環境がなくなったためです。

同じような理由で田んぼから、ナマズ、フナ、ドジョウなどもいなくなり、農薬の影響でタガメ、ゲンゴロウ、タイコウチ、ミズカマキリのような水生昆虫もいなくなりました。農地の基盤整備や農業形態の変化から、トノサマガエルやヒキガエルもいなくなりました。農薬は害虫を殺しましたが、益虫もただの虫も殺してしまい、害虫に比べ数が少ない益虫にとっては致命的でした。害虫は、農薬が散布されたときには確かに減少しますが、いくらかは生き残り、抵抗力をつけた害虫が周期的に大発生をするようになりました。農薬が害虫の大発生を促進させたのです。

また、水田には除草剤も散布されます。確かにイネとの競争で、いくらかの被害を及ぼす植物もありますが、大半は益も害もない植物です。除草剤は、すべての植物をことごとく枯らしました。稲刈りが終わった直後の田んぼで、全く植物が見られない場合もあり、その状態が一カ月以上続くこともあります。多くの田んぼが、イネと害虫を生産する工場となってしまいました。

メダカにもある遺伝的な地域差

メダカが絶滅危惧種になったことは、テレビや新聞などのマスメディアで何度も大きく取り上げられ、自然保護を活動の柱にすえている各種団体や学校関係者が、これに注目しました。メダカを環境保全のシンボルにしたり、地域おこしの目玉にするところも出てきたようです。メダカを人工的に繁殖させて放流したり、いなくなったメダカを復活させようと、ほかの地域から導入したところもありました。メダカに商品価値が出てきたため、野生メダカを人工繁殖させ、全国各地に発送する商売まで出てきました。

メダカもホタルと同じように遺伝的な地域差があることがわかっています。まず、丹後半島から青森県にかけての日本海側に分布するタイプ（北日本集団）と、それ以外の本州、四国、九州、沖縄に分布するタイプ（南日本集団）の二集団に大きく分けられます。北日本集団は遺伝的に比較的均質なのに対し、南日本集団はさらに九つのグループに分かれることがわかっています（一四七ページの図）。

しかも、この九つのグループの間でも遺伝的にはか

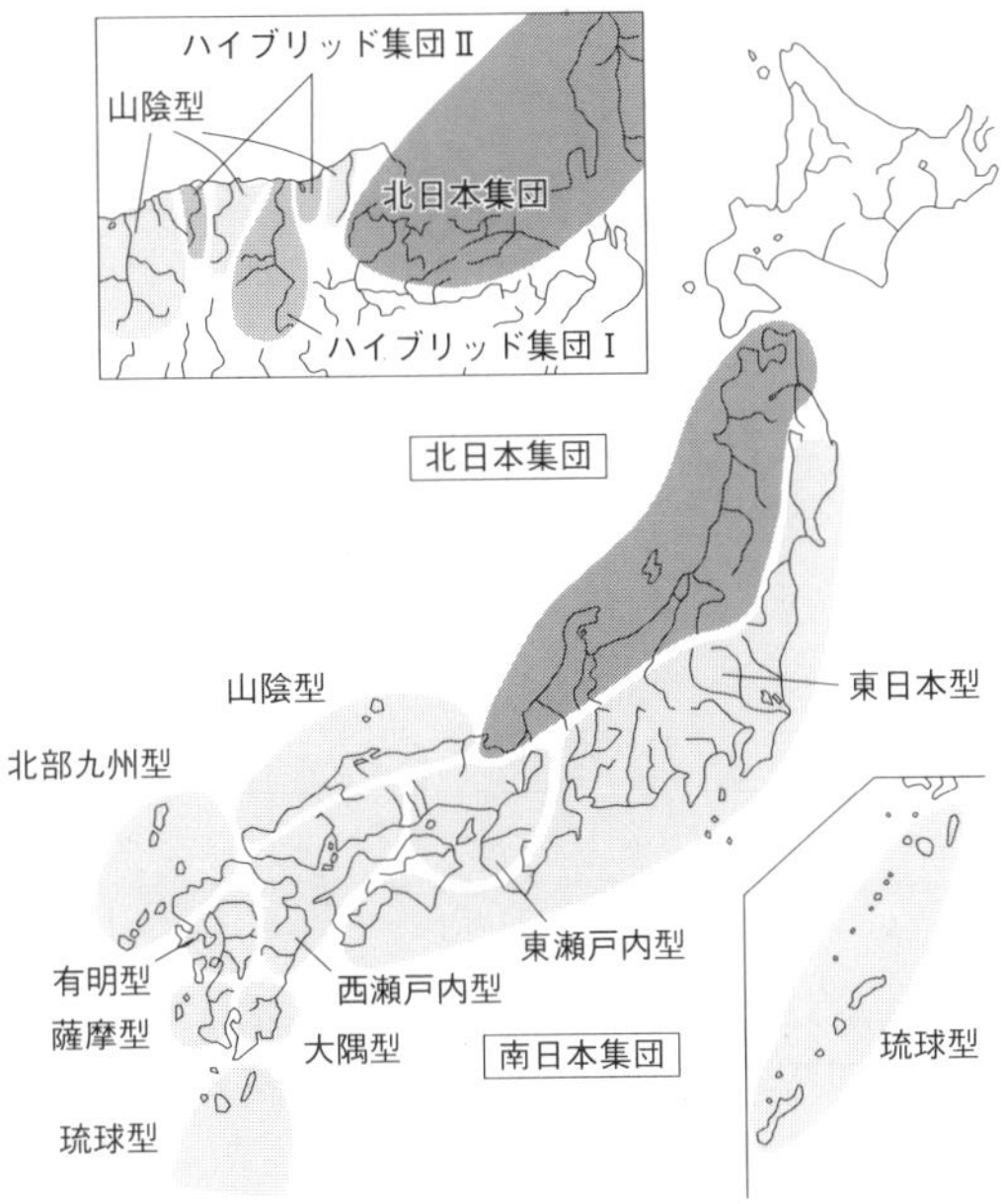

日本産メダカの地方個体群と分布地図
（出典：酒泉満「淡水魚地方個体群の遺伝的特性と系統保存」『日本の希少淡水魚の現状と系統保存』長田芳和・細谷和海 編、緑書房、1997年、p.220の図Ⅱ.18）

なりの差があるようです。筆者が生活している佐賀県だけを見ても、佐賀平野は有明型、唐津は北部九州型に分かれます。

このような遺伝的な地域性がわかった後、全国各地でメダカの遺伝子タイプが調べられました。東京都心でも、メダカが見つかるポイントがいくつか知られています。しかし、その多くは、遺伝子解析の結果、よそ者であることがわかりました。東京のメダカではなく、他地域から持ち込まれたものだったのです。その場所で生き長らえてきたメダカが見つかって初めて、真に価値があることになります。メダカの場合も、ホタルと同様に、水系を超えての放流は遺伝子撹乱の弊害を生じさせるわけです。

さらに、メダカは飼育が容易ということから新たな問題も生んでいます。メダカは、実験室内の水槽でも簡単に殖やすことができます。もし、休耕田が一枚あれば、数十匹を数万～数十万匹に殖やすことも可能です。

ここに大きな落とし穴があります。環境さえ整えてやれば大増殖が可能ということは、集団の遺伝的類似性が極めて大きくなります。すべてが親戚どうしといってよい状態です。そのような集団を元の集団と混合すると、集団の持つ遺伝的な固有性が変化する危険性があります。ホタルの項でも同様な指摘をしましたが、メダカではそれが極端に生じるわけです。

したがって、元の集団がある程度の規模を維持していれば、人工繁殖はやるべきではありません。環境を整えてやることが重要です。人工繁殖は、その地域でその個体しか生き残りがいないことが確実な場合の、最後の手段です。

小学校五年生の理科で「生命のつながり」を学習する単元があり、メダカを使って卵や発生の様子を観察します。このような学習では、以前から必ずヒメダカが教科書に掲載されています。二〇〇二年度から始まる新教育課程では、「生命のつながり」で「生命のたんじょう」を学習します。そこでは、「メダカ」または「人」のいずれかを選択して学習することになっています。

このような学習をする際に、ふつう小学校ではヒメダカが使われます。佐賀県ではメダカは身の回りにたくさんいますが、理科教材業者に注文すれば簡単に入手できるためか、ヒメダカが安易に利用されているようです。もしかしたら、身の回りにふつうにいるメダカに気がついていないか、気づいていても購入したほうが楽と考えているのかもしれません。

そして、教材としての利用が終わると、近くの川に放流されることが多いようです。場合によっては、しばらく飼育して、数十倍に増やしたものが放流されているケースもあると聞いています。ヒメダカは色素異常が起こった突然変異の個体で、ニシキゴイ同様、遺伝的に偏った形質です。これも遺伝子撹乱につながります。

メダカの減少は研究者や自然保護団体の間では一〇年以上前から話題になっており、今回の公表で一般人たちにも認識されるようになったわけです。ホタルで行われた誤ちがくり返されることがないように、早い段階から様々な警告が行われました。しかしながら、この声はまだ充分に届いてはおらず、届いても理解されない現実があります。地域個体群(その地域の集団)を保全することが遺伝的な多様性を保持することにつながること、そしてそれが意味する生物学的な価値が

福岡県の某観光地で、メダカとホテイアオイをセットにして1200円で売られていた。「絶滅危機で人気急上昇」の文字もある。地域個体群の保全や移入種問題はまだまだ理解されていない

理解されにくいようです。

4　ビオトープの功罪

水辺への危機感から注目されたビオトープ

一九八九年に日本自然保護協会などがまとめた『わが国における保護上重要な植物種の現状』（以下、民間ＲＤＢ）や二〇〇〇年八月に環境庁が発行した『日本の絶滅のおそれのある野生生物　植物Ⅰ（維管束植物）』（以下、環境庁ＲＤＢ）により、日本の在来植物の現状が明らかにされました。それによると、日本に知られている植物の約六分の一が絶滅の危機にあることが示されましたが、その中でも特に危機的なのは、原生的な自然の中に生きている植物ではなくて、人の生活圏に接している水辺と草地の植物でした。

水辺は生き物にとっては特異な環境で、独特に適応進化したものだけに開放された場所です。しかも、河川のような流水環境と、ため池のような止水環境では、

生活している生物群が異なります。同じ河川でも、上流、中流、下流では、流速や水温の影響で生息する生物が異なりますし、止水環境でもため池と水田では違う生物が生息しています。多様な水環境に多種多様な生物がすみ分けています。このように、水辺は生命あふれる独特な生態系が成立していました。

しかしながら、ここ三〇年ほどで身近な水辺は劇的に変化しました。湿地や湿原などは、不毛の地として工業団地造成やゴミ捨て場として埋め立てられることが多く、河川やため池の土手は、治水対策からコンクリート護岸に変わりました。人の居住地に近い水辺には家庭排水が流入し、農耕地周辺の水辺では過剰な肥料投入により富栄養化が進んでいます。

圃場整備も、水田生態系に生活していた生き物たちにたいへんなダメージを与えました。さらに、地上に散布された除草剤も、多くの水草を絶滅の危機に追い込んでいます。また、山間部では減反政策の中、生産効率の悪い水田（棚田）は放棄され、急激に遷移が進み、単調な湿地と化しています。人工的な干渉からは開放されるのですが、多くの場合、生物多様性は減少

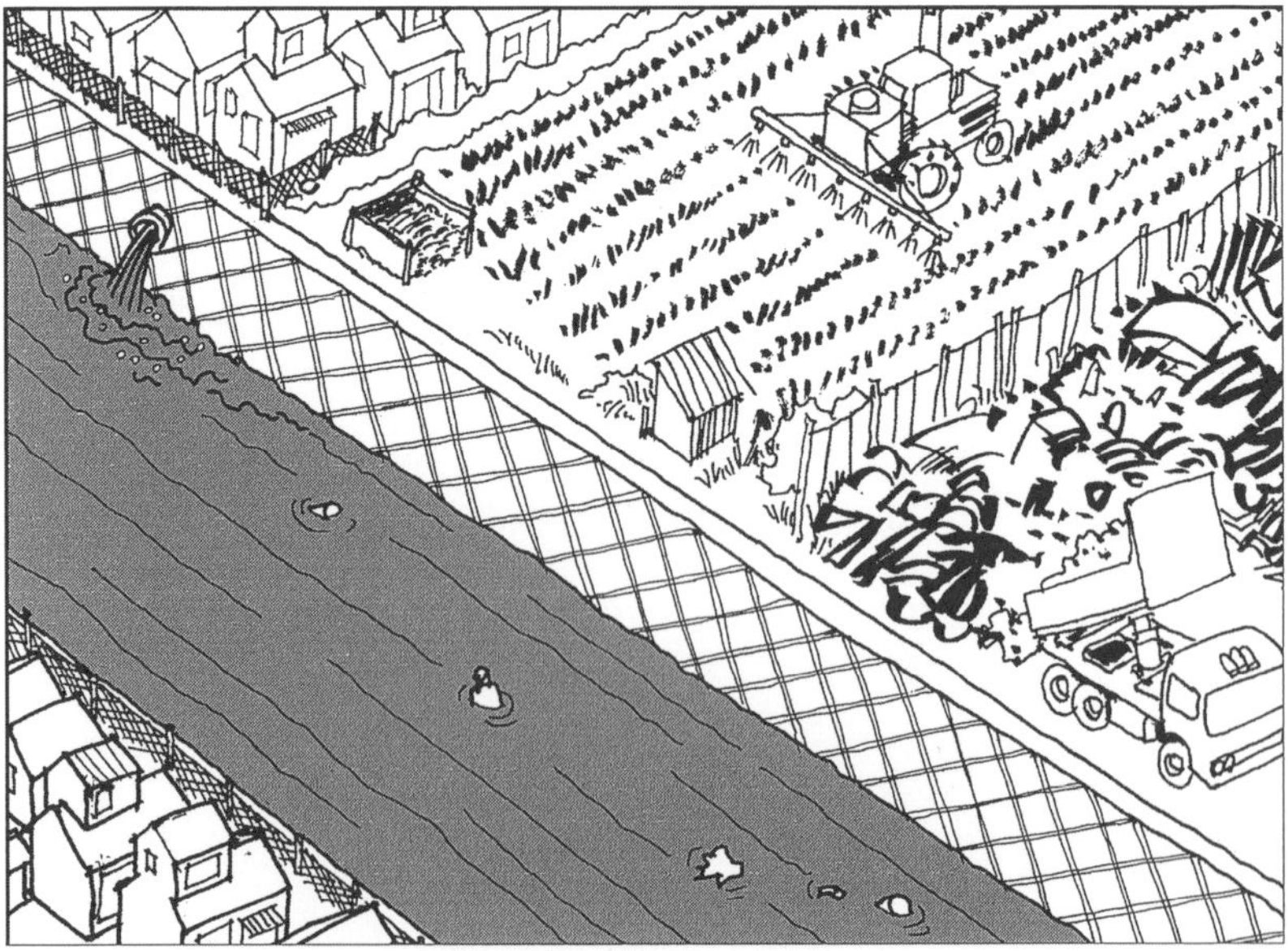

高度成長時代、人々の関心は水辺から遠ざかり、川はゴミ捨て場と化してしまった

します。

水辺は人間にとって最も身近で、気持ち安らぐ自然です。戦後働き続けた日本人も、生活にゆとりが出るにともない、余暇の過ごし方が多様化しています。山歩きや水遊びなど自然を相手にレジャーを楽しむ人が増え、都市公園の中でも、水辺に人が集まるようになってきました。都市周辺にある水辺公園で自然観察をする人も増えています。

水辺に人が集まるようになると、環境改善の要求が高まります。一九八〇年代までは親水公園的な発想で、人のための水辺公園づくりが主流でしたが、一九九〇年代に入ると、本来の構成要素である生き物にとって水辺がどうあるべきかが考えられるようになり、生き物と共存する公園が設計されるようになってきています。それが、エコパークやビオトープと呼ばれる施設です。

ビオトープ（Biotop）は、ドイツ語の Bio（生き物）と Top（場所）の合成語です。「生き物が生活する場所」という意味です。ドイツやスイスでは、すでに三〇年ほど前から環境復元の手法として定着しています。

ヨーロッパでは古くから自然の開発が進み、かなり改変されてしまった歴史があります。そこで、自然を取り戻すために、直線化された河川を昔の蛇行した河川に戻したり、コンクリート護岸をはぎ取り、土の堤防を復元したりしています。また、もともとどんな植生があったのかを文献や花粉分析等で調査し、本来の植生を回復するためにはどんな構造を細工すればよいかを研究しています。多くの場合、植栽や移植をするのではなくて、環境を整えておいて、あとは自然の回復力に任せる手法を用いています。このような工法を近自然工法と呼び（日本では多自然型工法と呼ばれます）、その場所の地形や地質、本来の植生の分析がしっかりできているかどうかで、成否が大きく変わります。

造園とビオトープは違うはずだが……

日本でも当然、同じ理念でビオトープがつくられるべきですが、でき上がったビオトープ施設と呼ばれる場所を見ると、疑問を感じる場合が多々あります。日本のビオトープは、水辺を基本設計の中心にすえることが多いようです。多様な環境が創出できるためです。

水辺環境の中でも、水際は最も重要な部分です。水際をコンクリートで固めると、最も基本的な要素である水辺の植物が繁殖できません。

遠目に見ると、石組みが組んであり、水へのアクセスに配慮された施設かと思われる構造物でも、近づいてみると隙き間をコンクリートで埋めてあることがしばしばあります。これは、見ばえをよくしただけで、コンクリート護岸と何ら変わりません。生き物は寄ってきません。また、そのままでも自然豊かな河川を、わざわざ多自然型工法で改修しているような事例もあります。人間中心の発想から抜けられず、環境と生物との関係が理解できていないためです。

これはハード面の遅れですが、さらに強調したいのは、そこで関わる住民がしばしばビオトープの理念を理解できていないことです。行政的にも、住民活動としても、ビオトープは今最も注目されている施設の一つです。行政と住民が連携をとって、設計から維持管理までを行うケースが増えてきていますが、無償で労働力を提供する住民の要望が多様化し、様々な生き物をそこに導入するケースが出てきています。

ビオトープを意識して造成されたばかりの水辺公園。コンクリートはいっさい使わず、自然石で基本構造がつくられている。水際も緩やかに土の土手につながっている

環境だけを整えて自然の回復力を待つという本来のビオトープからどんどん離れていき、造園施設になったものを目にすることがしばしばあります。たくさんの人が集まれば多様な価値観があり、たくさんの知恵が出てくるというのが住民活動のいい点ですが、ビオトープに関しては、今のところ弊害のほうが目につきます。

でき上がったものを見て、特に困ったな、と感じるのは、見かけのよい花を植栽している場合です。花屋さんの花や外来種です。ニシキゴイが放流されていることもあります。ここまで来ると、ビオトープからは完全に離れてしまっているのですが、つくった当事者は生き物と共存した見た目がよい環境ができたので、「ビオトープ」と思っているわけです。どんなに見かけだけよくしても、外来種を導入したら、それは自然破壊につながってしまうことは先に述べたとおりです。

一九九九年二月、佐賀県内のある造園業の協会が、修景や水質改善を目的に、シュロガヤツリ、パピルス、ミズカンナ、ミニパピルスなどを、河川敷やクリークに植栽する研究をしていることがわかりました。河川

多自然型河川。部分的にではあるが、小魚や小動物が逃げ込める空間が石組みでつくられている。さらにいろいろな視点での構造物が組み合わさると優れた水辺環境がつくり出される

見た目のきれいな園芸植物をいかだに植えて、水辺公園に浮かべられた。景観とのミスマッチも甚だしく、このいかだから種子が広がり、周辺に野生化する危険性もある

敷の在来種を防草マットで枯らし、これらの外来植物を植えたり、クリークにいかだを浮かべて水上ガーデニングをするというものです。これなどは造園を自然の中に施そうとしているだけですが、この業者の口からビオトープという言葉が飛び出してきたのには驚きました。

この協会は、一〇年ほど前から年一回、公開で様々な学習会（講演会）を行っていますが、過去には、本場ドイツから専門家を呼んでビオトープの研修会をしたこともあるのです。いったい何を研修したのかと、あきれるばかりです。

ビオトープがもたらす移入種問題

そのような中、水辺環境保全の考え方も少しずつ浸透し、本来の自然を回復させる視点で整備が行われる事例も、ちらほら出始めています。それは、水辺の最も基本的な要素であるヨシ群落を保全しようとするものです。琵琶湖では、「ヨシ群落保全条例」も制定されています。

波打ち際にヨシ群落があると、浸食から湖岸やため池の土手を護り、水辺の動物にとっては隠れ場所、繁殖場、休憩場が提供されます。また、多くの微小な生物を育み、それが水質を浄化する働きをします。これまでつくられた多くの施設より生き物との共生がはかられ、方向としてはたいへん好ましいのですが、問題点も指摘されています。それは、ホタルやメダカで指摘した遺伝子レベルの問題です。

水辺におけるヨシ群落の重要性の理解が進み、その再生に力が注がれています。場合によってはヨシが移植されることもあります。最近になって、ヨシにも地域的な個性（遺伝的な地域差）があることがわかり、移植について警鐘を鳴らす研究者も出てきました（角野康郎「ヨシの生態――座談会を読んで――」、『関西自然保護機構会報（ヨシ原特別号）』二一（二）、三六三～三六五ページ、一九九九年）。

例えば琵琶湖のヨシでは、染色体数が九六本（八倍体）と一二〇本（十倍体）が見つかっています。国外では、二四本（二倍体）、四八本（四倍体）、七二本（六倍体）も知られています。日本のどこにどんな遺伝子タイプのヨシが分布しているのかが解明されないうち

水辺においてヨシ群落は重要な存在。しかし、その保全と再生をするからと言って、遠くからごっそり持ってきて、移植してはダメ！

に、ヨシの移動が盛んに行われると交雑が起こり、遺伝的な特徴がわからなくなってしまいます。

今後遺伝子解析が進むと、生物にはそれぞれ地域の顔があることが明らかにされるでしょう。これからの環境保全は、生物の遺伝的な変異・地域性を保全する方向へ進むことになるはずです。このような活動に関わっている市民団体や行政の人には、ぜひ意識しておいてほしい視点です。

5　広がる学校ビオトープ

「総合的な学習」の目玉として急速に拡大

学校教育における自然体験学習は、従来は学校内での栽培・飼育や、近くの田んぼを借りてイネづくりをするようなプログラムが一般的でした。環境教育の一環として取り組まれたものです。しかし、近年、自然体験の質を高めて学校の中で実践しようという意図から、ビオトープの造成が始まっています。

ビオトープの研究は行政やＮＰＯのほうが先行しているのですが、体験不足が子どもたちの心の発達を阻害しているという指摘から、学校でもビオトープを取り入れようとする試みが、都会を中心に広がっています。保護者や地域住民の協力を得て、手づくりのビオトープがつくられることが多いようです。今日、「総合的な学習」の名のもとで、急激に拡大する様相を示しています。

ビオトープが学校に導入された初期には、本来の理念のもとで試行されたはずです。しかし、すぐに何らかの教育効果が求められる学校現場では、生き物たちが向こうからやって来るのを待つのが難しいのも現実です。そのために、いろいろな動植物を導入して、教育活動に利用する学校が現れたと考えられます。そのような教育実践が報告され、それを参考に少しずつ修正されながら、全国的に広がってきているようです。学校に生物の本質や生態系を充分に理解している職員がいることは少なく、その学校の教育目標に合うように修正されていきます。

学校で実践されているビオトープは、字のごとく「学校ビオトープ」と呼ばれます。阪神・都市ビオトープフォーラムの『学校ビオトープ事例集』（トンボ出版）によると、ビオトープと学校ビオトープは次のように使い分けられています。

◎ビオトープ

＊野生生物の生息空間として、自然生態系が成立する場所

＊復元する場合、地域の自然（伝統的な農村など）をモデルにする

＊必ずしも人の利用を前提としない

＊原則として、自然の遷移に任せ、人手を加えない

＊できるだけ広いほうがよく、線的・面的な広がりやつながりが重要

◎学校ビオトープ

＊いろいろな野生の生き物がすむ環境づくりをめざす

＊地域に昔からある自然をモデルにする

＊子どもたちへの環境教育の場として、触れたり、見たりの自然体験ができる

＊生き物のつながりを理解させるための視点で使う（使える）場

＊生態観察用池、野草園、樹林園など、これらを総合した場

＊学校ビオトープの製作や活用過程で、人と人のネットワークが形成される

自然体験の場として進むべき方向は？

学校でつくるビオトープは充分なスペースがないことから、かなり強引な細工をすることがあります。子どもたちは待ちきれず、ビオトープをつくっている最中でも、いろいろな動物を捕まえてきて教室で飼い始めます。カエル、オタマジャクシ、コイ、フナ、メダカ、アメリカザリガニなどです。

今の学校教育は、子どもたちの主体的な活動を大切にしますので、たとえビオトープにふさわしくない生物を持ち込もうとしても、まずやらせてみようと考えるのがふつうです。外来種の導入も、いくらかのためらいがありながらも、実践することがあるようです。

アメリカザリガニを入れると、土に穴をあけて漏水させたり、ほかの動物を捕食しビオトープを台なしに

してしまう（アメリカザリガニだけになってしまう）ことがすでに知られています。学校の先生は、それも体験と考える傾向にあります。外来種の害を学習させたり、生物どうしのつながりを理解させたりするためには、これも一つの方法であろうと私も考えます。しかし、単に体験させるだけでは、弊害しかありません。

私は、学校ビオトープは、本来のビオトープとは異なる理念で実践してよいと考えています。ビオトープが自然の回復・復元を目標にしているのに対し、学校ビオトープはあくまでも、自然体験をさせる教育の場として設定されているためです。具体的な学校ビオトープの事例を見ると、ビオトープの本来の理念に近いもの（これはよほど環境に恵まれていないと難しい）から、大きく修正されているものまで、実に多様です。学校の事情や児童・生徒の実態から、様々な実践があってよいと思います。

しかし、いろいろなケースがあるにしても、外来種の導入にはもっと慎重になってほしいと思いますし、メダカを増殖させて放流するような活動は慎むべきです（本章I-3を参照）。ホタル、コイ、メダカの項で遺伝子の攪乱について述べましたが、野生生物を活用するときの、最低限度のルールだけはしっかり理解しておく必要があります。

ところで、驚くべきことに、「ビオトープセット」なるものが市販され始めています。野生生物のことを知らない造園業関係の業者が、自分たちが持っている栽培のノウハウを駆使して、希少植物を中心に教材としたものです。学校教育が進んでいく方向性を考えると、悪い意味で先見性があり、感心します。教員の多忙さを考えると、魅力的なものであるとも感じます。希少植物を業者がどのようにして入手しているかはわかりませんが、自生地から盗掘される危険性が高く、生き物にとっての新たな危機と言えます。

なお、ビオトープの例ですが、このような心配が現実のものとなった事例が生じています（苅部治紀「神奈川県のコバネアオイトトンボについて」『神奈川虫報』一二二、一〜五ページ、一九九八年）。

一九九七年十一月、南関東のある県で、市が造成したトンボ池に、その県はもちろん、南関東にも近年記録がないコバネアオイトトンボが見つかりました。調べてみると、池は一九九五年秋から一九九六年春にかけて造成されたもので、一九九六年春にウキヤガラ、カキツバタ、アサザ、タヌキモなど一七種四七〇〇本の水草が、他県から移植されたことがわかりました。トンボのヤゴ（あるいは卵）が移植された水草について、遠く離れた池に移動したのです。

同様な例は、小学校に造成された学校ビオトープのトンボ池でも知られています。身近な場所に自然を取り戻すという善意の行いが、結果として、地域の生物相を混乱させることになってしまったのです。

植物の移植は、多くの場合、結果としてそれに依存している昆虫類などの移動を伴います。地域の生態系を守るためには極力移植は行わないことが最も重要ですが、もし移植する必要が出てきた場合は、その生物が自然状態でも移動できる範囲内から、回復可能な量を持ってくることが望まれます。

なお、小規模でも、自然の山野からの生き物の移植は、その地域の自然破壊につながることは言うまでもありません。ここに挙げた例は、たまたま希少種が発生したのでわかったのですが、多くの普通種は移入されたことにも気づかれずに、地域の土着の個体と交雑し、遺伝的な特性が失われることが危惧されます。

このような事例の問題点は、誰も知らずにやってしまったことです。今後、トンボ池やビオトープの造成はますます盛んになっていくと思われますので、ぜひとも生態学の専門家のアドバイスを得るようにしてほしいと思います。

最後に、学校ビオトープの考え方は学校内だけにしてほしいということも、強調しておきます。地域での自然環境保全は、別の価値観、ルールで行われるべきものだからです。

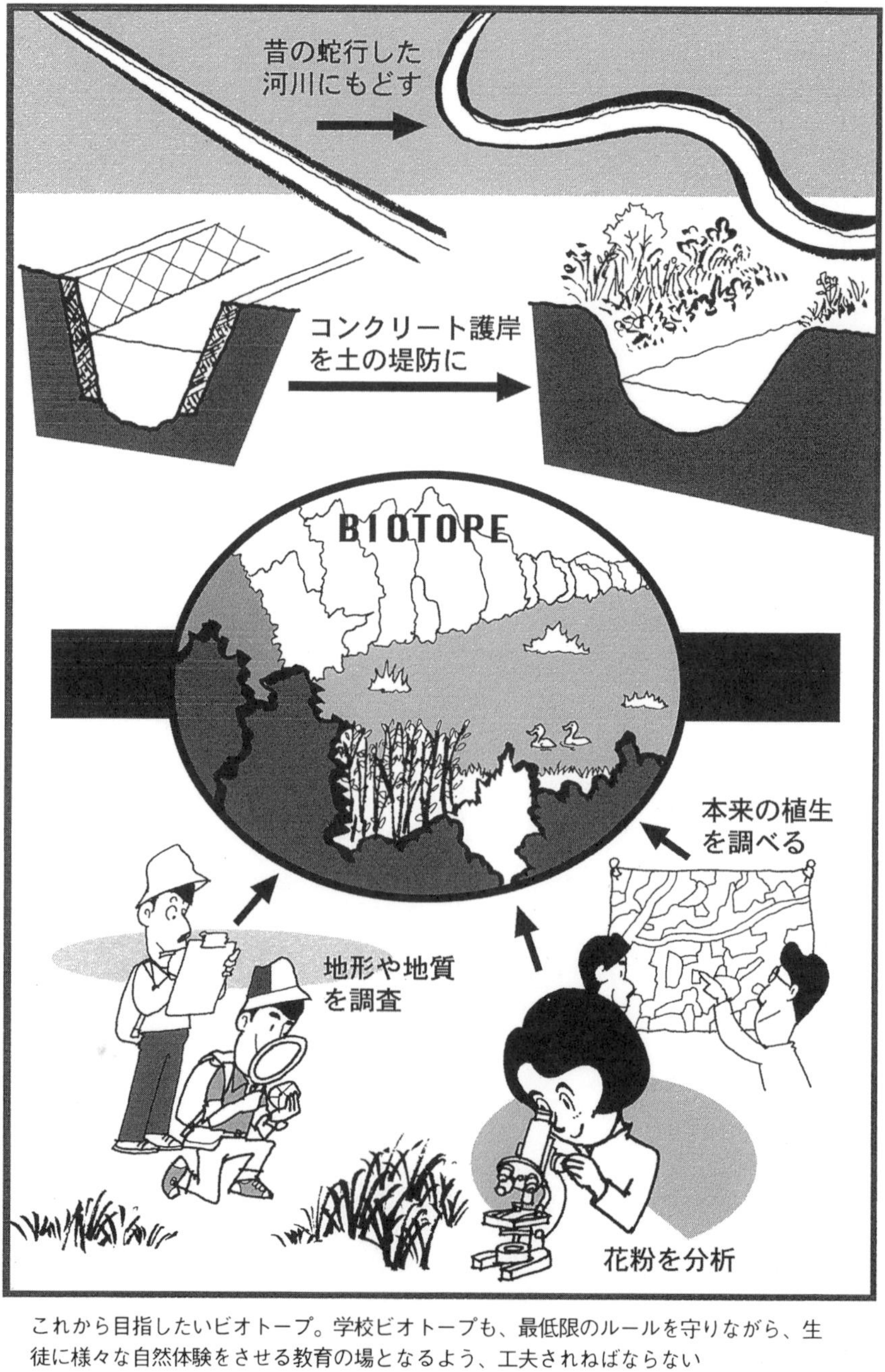

これから目指したいビオトープ。学校ビオトープも、最低限のルールを守りながら、生徒に様々な自然体験をさせる教育の場となるよう、工夫されねばならない

第8章

これからの体験活動を考える

1　学校における「総合的な学習」の活用意義

二〇〇二年度から小・中学校で一斉に、高等学校では二〇〇三年度から学年進行で、「総合的な学習の時間」が始まります。「総合的な学習の時間」のねらいは、文部科学省の学習指導要領総則に次のように示してあります（高等学校の場合）。

(1) 自ら課題を見付け、自ら学び、自ら考え、主体的に判断し、よりよく問題を解決する資質や能力を育てること。
(2) 学び方やものの考え方を身に付け、問題の解決や探究活動に主体的、創造的に取り組む態度を育て、自己の在り方生き方を考えることができるようにすること。

このねらいに示されている資質・能力・態度を「生きる力」と呼んでいます。自主的・主体的な問題解決能力を身につけさせることで、不透明なこれからの時代を、たくましく生き抜く力を育むことを目標としています。

「総合的な学習の時間」は教育課程上に必置とされていますが、学習指導要領総則の中に「趣旨」「ねらい」「学習活動」「名称」「配慮事項」等が示されているだけで、国語や算数のように教える内容が細かく規定されていません。教科書もなければ、解説書もありません。

「学習活動」として国際理解、環境、情報、福祉・健康などの例が示されていますが、前ページに示した「ねらい」を満たす学習活動であれば、基本的に何を行ってもよいことになっています。「各学校が創意工夫を生かし、特色ある教育、特色ある学校づくりを進める」ことを文部科学省は求めており、学校の状況、児童生徒の実態、地域の実態をもとに学校独自の教育実践を構築できるとしています。また、毎週何時間実施するといった従来の方法はとらずに、ある時期に集中して実施してもよいことになっています。

このように、「総合的な学習の時間」は、今までになかった全く新しい理念で導入されようとしている教育活動です。学校現場は何を行えばよいのか模索しており、教員たちは相当負担に感じていることも事実です。

学校は今、「不登校」「いじめ」「学級崩壊」「校内暴力」など、様々な問題を抱えており、本来学校が行うべき教育活動が充分できなくなっている実態があります。日常の教育活動だけでも多忙な毎日を過ごしているのに、新たな負担を課すことになれば拒絶反応が起こるところですが、学校はこの「総合的な学習の時間」にたいへん前向きに熱心に取り組んでいます。それは、袋小路に入り込んでいるとさえ言える教育現場に、風穴を通すことができるかもしれないと期待されているからと考えます。子どもたちの「心」が見えなくなっている現状から脱し、正常な教育活動を取り戻すことが切望されているのです。

本格実施は二〇〇二年からですが、二〇〇〇年四月より、全国の小・中学校で試行が始まりました。それを見ると、「体験活動」を軸に実に多様な取り組みが行われています。その中で彗星のごとく現れて、急激に広まりつつあるのが「ケナフの教材化」であり、都会を中心に浸透してきているのが「学校ビオトープ」です。その具体的な内容と問題点については、すでに指摘したとおりです。

活動プログラムがマニュアル化されたものが、充分吟味されずに一人歩きをしているというのが今の状況です。これは、教員の多忙さを考えるとやむを得ないところがあり、多様な情報が必要とされているところです。

2　ケナフの活用

ここでもう一度、ケナフの話に戻ります。

ケナフの問題点については、これまで様々な角度から指摘してきました。しかし、ケナフの体験活動等での活用は、たいへん価値が高いものと考えます。問題点は問題点として押さえたうえで、活用法を考えることが重要です。私が考える活用法を少し紹介してみます。

体験活動として

まず第一に言えることは、多様な体験活動ができる素材であるということです。ケナフは種まきから収穫までの栽培体験が、一年完結で実施できます。学校では冬休みと春休みにかかることはなく、夏休みも水やりくらいで、特に面倒な世話はありません。

挿し木による増殖、ケナフ料理、紙すき、炭焼き、ケナフ染め、織物など様々な体験ができます。ほかにもたくさんの活動がありますが、それは他の出版物にくわしいので、それに譲ります。また、インターネット上にはケナフの情報が満ちあふれており、情報分野での活用も可能です。さらに、困ったときの「ケナフの会」が全国にあり、バックアップしてもらえます。

体験不足が子どもたちの心の問題に影響を与えているといわれている昨今、このように多様な活動ができるケナフは、学校の先生にとっては夢の教材に思えるかもしれません。しかし、本書でくり返し述べたように、ケナフが帰化する可能性が否定できない限り、「畑や学校園以外の場所にケナフを植えない」ことをまず厳守すべきです。そして、「ケナフに〝地球の救世主〟

〝環境保全植物〟のような間違ったキャッチフレーズをつけ、過剰な期待や間違った夢を子どもたちに与えない」ことです。ケナフを植えさえすれば環境改善に役立つようなイメージを植え付けることは、慎まなければなりません。

また、体験学習の中心はやはり「紙すき」だと思いますが、紙すきを行う場合に注意してほしいことが二点あります。

一つは薬品についてです。通常の方法では多量の薬品を使用します。工業的には薬品の回収法は完成していますが、学校で実施する場合の課題の一つと思われ、薬品処理には充分な配慮が必要です。ある資料によると、漂白のために水二に対し漂白剤一の混合液に漬ける、とあります。これは相当な濃度で、環境に与える、あるいは浄化設備に与える負荷は相当なものがあります。

もう一つは、二酸化炭素を出さない方法を工夫してほしいということです。

これらの点をクリアした紙すきの方法も開発されています。神奈川大学の釜野徳明氏は、薬品を使わず水だけでできる紙すき法を研究し、『食農教育』二〇〇〇年秋号（通算一〇号、農文協）に「ケナフ　無農薬・無漂白のパルプのつくり方」というタイトルで紹介しており、特許にもなっています。ただしこの方法は、生のケナフで、太さ一・五センチくらいの細いもの（靭皮）が利用されています。髄の部分や乾いたケナフ、古いケナフは、鍋か圧力鍋で煮てからパルプ化するように示してあります。

環境教育のきっかけとして

環境素材としてのケナフが間違った使われ方をしていることは何回も指摘していますが、次のような視点であれば、環境教育のきっかけにできると考えます。ただ、環境問題としてプラスの活用が少ないのが心苦しいところです。

①外来種問題

外来種が世界各地で在来の生態系にたいへんなダメージを与えていますが、ケナフもその仲間入りをする可能性があります。また、ケナフに限らず、外来種問題、移入種問題は、生物の多様性を脅かす世界的な問題として各国で取り組みが始まっているので、これらの問題を考える場合の導入として活用が可能です。

②地球温暖化

ケナフが二酸化炭素をふつうの樹木の二〜八倍吸収するというデータから、地球温暖化について考えさせることができます。二酸化炭素の収支バランスに注目すると、森林、サンゴ、海水の役割を考えさせる必要があり、その導入に使えます。また、二酸化炭素の吸収と削減は別問題であること、二酸化炭素の削減目標が国と国の対立をなぜ生むのかなど（例えば、京都議定書の批准をめぐる議論）、発展的に取り組む課題は数多くあります。

③環境浄化素材として

茎や髄から炭をつくり、水質浄化や土壌改良に利用できます。もちろん、暖房や燃料としての活用も可能です。ただし、この場合、「多量の二酸化炭素を吸収し、地球温暖化防止に効果があるケナフを利用して炭の活用法を考えた」などと解説すると、自己矛盾を起こします。

化石燃料に変わる燃料とし、ケナフをそのまま燃やすのであれば、環境への貢献も矛盾しません。化石燃料であれば新たな二酸化炭素の放出になりますが、ケナフならば光合成で吸収した分を放出するだけで、収支はゼロだからです。二酸化炭素を減らすことにはなりませんが、増やさずに熱源とすることができるわけです。乾燥ケナフを燃やしたときに発生する熱量は、石炭の八割程度になるというデータもあり、利用価値は高いです。

④環境問題の輸出

日本が輸入するクルマエビの養殖場を確保するために、東南アジアのマングローブが破壊され、たいへんな生態系の破壊を生んでいることは有名です。ケナフも、海外に環境問題を生じさせています。日本で産業的に生産されているケナフ製品の原料を、ほとんど輸入に頼っているためです。

日本を当てにして生産されたケナフをすべて日本が買い取ればよいのですが、ケナフ製紙が日本国内で大量生産ラインに乗っていないために単価が高くなり、すべては買い取ってもらえずに、農地ごと放棄されている場所が出ています。日本向けに栽培されているケ

環境素材としてはマイナス面での活用が主になるが、ケナフは、身近なところから世界や地球レベルの広範な環境問題を考えるきっかけともなる

ナフを日本がきちんと買い上げれば、東南アジア諸国の産業振興に役立ちますし、所得水準を上げることにいくらかは貢献できます。国際理解教育に活用できるわけです。

また、ケナフのように成長量が極めて大きい作物をくり返し生産すると、土壌中の栄養分の減少が著しく、農地として荒廃・放棄され、土壌浸食の原因をつくっていると言われています。また、収穫した後ケナフを二十日間ほど川に浸し、繊維を取り出しやすくします。このとき、川の水を汚染するため、現地で社会問題となっているようです。

研究素材として

ケナフそのものを研究しても、おもしろい材料がいくつも出てきます。自由研究や課題研究の題材になりそうなものを紹介します。

①種子を使って

本書の中でも紹介しましたが、「種子の休眠」「発芽の条件」については、まだよくわかっていないようです。帰化の可能性があるかどうかの鍵を握っているように思います。温度・光（強さや色）・水などの環境条件を変えて、「栽培条件と種子形成（発芽率）の関係」を調べてみるのもおもしろいテーマです。

②花を使って

花を咲かせるメカニズムは、多くの植物で日照時間（あるいは暗黒時間）や温度の影響を受けることがわかっていますが、ケナフについてはまだ不明です。鉢植えにして暗室に入れたり、夜間照明をつけたりして日照時間をいろいろに設定します。また、温度調節ができる装置があれば、それを利用して実験が可能です。

また、開花の季節に植物体をよく見ると、たくさんのアリが登ってきています。ケナフのさや（苞）には花外蜜腺と呼ばれる構造物があって、これに集まってきているようです。

ケナフのような熱帯植物の中には、アリと共生関係にある「アリ植物」と呼ばれている一群の植物が知られています。アリにたくさんの蜜を与えるかわりに、植物の害になる動物（ダニやアブラムシなど）やカビを除去してもらうという共生関係です。ケナフについては、「花外蜜腺がどんな構造なのか、アリとの共生関

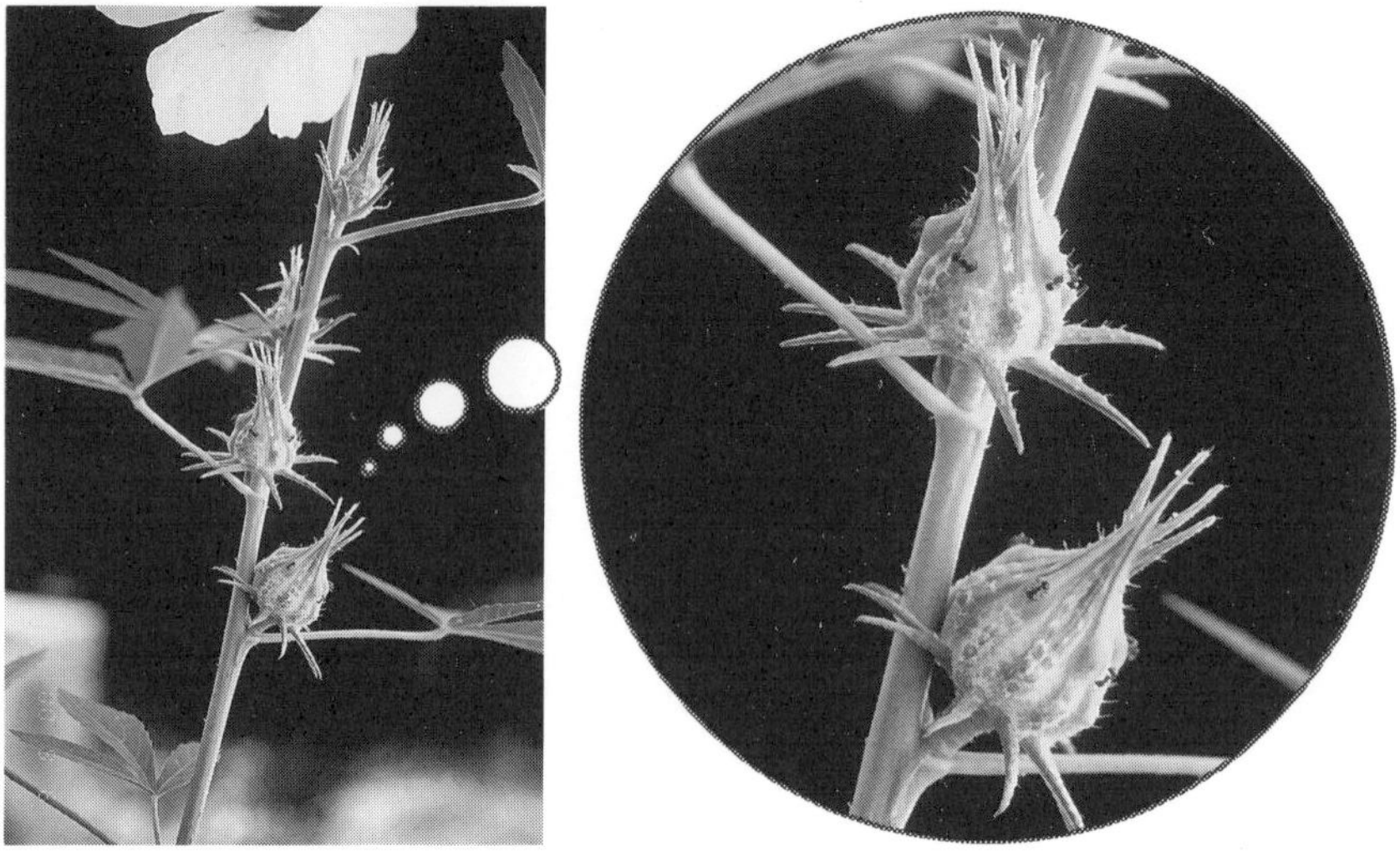

ケナフの苞には花外蜜腺があって、注意して見ると、小さなアリがたくさん登ってくるのが観察できる

係があるのか」などはまだ調べられていないようで、興味あるテーマになると考えられます。

環境改善の素材として

①ビルの断熱効果

都会ではヒートアイランド対策として、建築物の緑化が進められています。ビルの壁にツタなどのつる植物を這わせたり、屋上に畑をつくることで断熱効果が高まり、夏場の室内の温度を二℃以上低下させる効果があります。冷房にかかるエネルギーをかなり節約できることになります。屋上緑化の研究はかなり進んでおり、重量が天然土壌の半分以下の人工土壌も開発されていて、最近では草花だけでなく、樹木を植えることも可能になってきています。

ケナフの場合、屋上に畑をつくり、そこで栽培するという利用法が考えられます。このとき、ケナフチップを土壌に混ぜて利用しようと、研究・開発が始まっているそうです。

屋上緑化への利用がうまくいけば、ビルの冷暖房費が節約できると思われますので、これなら「環境に優

屋上緑化。都市のヒートアイランド対策として、最近注目されている。ケナフ利用の可能性も考えられている

しい」と言えるでしょう。

②土壌改良

ケナフの実践的な研究で知られている勝井徹氏は、広島ケナフの会のホームページ（掲示板）に興味深い報告をしています。大規模養鶏場から排出される糞尿の処理に、ケナフを活用しようというものです。

養鶏場に限らず、家畜の糞尿は土壌汚染を引き起こしたり、また、水辺近くにつくられた家畜小屋が水系を汚染するなど、全国的に問題が生じています。栄養要求度の高いケナフを植栽することで土壌を浄化し、収穫したケナフを様々な用途に活用するのであれば、有効な環境素材と言えます。第4章-4で、土地を改善する効果については疑問があると述べましたが、この勝井氏の実践は注目する価値があります。

おわりに——生き物を扱う「ルール」を考える

ケナフはここ五年間くらいで一躍知名度が上がった栽培植物です。それは、ケナフを地域おこしに活用しようとするグループの活動から始まりました。もちろん、それに先行した形で環境庁やケナフ協議会の研究があり、その情報がもとになっています。

ケナフは「地球温暖化対策に貢献する環境保全植物」「しっかりした繊維がとれ非木材資源として活用することで森林保護に役立つ」「様々な体験学習ができ子どもたちの心の教育に役立つ」などと考えられており、環境問題に敏感なグループが地域おこしに活用しようと、全国にたくさんのケナフの会が設立されました。また、学校教育の場でも加速度的に広まっています。しかし、そのような中で一部の人たちから「生態系に及ぼす影響」が指摘（懸念）され、今日様々な立場から議論されています。

行政の動きもいくつかあります。農林水産省は水田の転作作物（休耕田に植える）として研究中ですし、全国の地方自治体の中にもケナフ栽培を推進しているところがあります。環境省は、環境庁時代に予算をつけて二年間研究しましたが、今は「ケナフの木材代用について科学的な知見が蓄積されてから検討する。当面は再生紙の利用を優先させたい」と慎重な態度をとっています。高知県は一九九九年度は環境教育に活用したり情報収集をしましたが、二〇〇〇年度は「現段階では製紙コストが高く（運搬や保管）、紙を漂白すれば廃液処理などで環境に負荷がかかる」として予算化を見送りました。

こうした現状を踏まえて、私はケナフに関する様々なデータを収集し、分析しました。自分で栽培し、観察もしてみました。そして、環境保全に関する特性については、「二酸化炭素の吸収量が多くてもそれが削減にはつながらない」「木材パルプに代わるものとして森林保護に役立つという考え方は、現在の日本に限って言えばあまり効果がない」という結論に達しました。一部の団体が言うような「地球を救う植物」や「環境保全植物」ではなく、「環境によくも悪くもない植物」とするのが妥当と考えています。

この点に関し、ケナフ協議会の後藤英雄氏は、「ケナフ協議会として『ケナフが森を救う』と発言した覚えはありません」と述べています。また、『広島発ケナフ事典』には、「ケナフだけで問題は解決できませんが、ケナフを通して皆さんが地球温暖化防止に興味と理解を深めてもらえば、それもまたケナフの温暖化防止効果と言えるでしょう。（ケナフの会事務局　住田徳也、四国総合研究所　垣渕和正）」と述べられ、直接には地球温暖化防止には貢献できないとしています。結局、「環境保全植物」とする見解は、情報が一人歩きをしただけかもしれません。

帰化の可能性については、「爆発的に栽培面積が拡大していることから、逃げ出して野生化し地域の生態系に影響を及ぼす可能性がある」「種子が大きく重いので散布能力は小さく、セイタカアワダチソウのような存在にはならない」「ケナフ協議会が言うように、適切な管理（畑や圃場で栽培する）が行われれば、生態系に及ぼす影響は最小限度に抑えられる」と考えています。

日本で栽培されたケナフに発芽能力がある種子ができることは確認しましたので、その種子が野外で越冬できるかどうかが問題です。越冬の可能性は、「種子が休眠するかどうか」が鍵を握っていると考えています。沖縄や小笠原のような亜熱帯地方では、場合によっては、幼植物が越冬することがあるかもしれません。

帰化の議論には、「ケナフは栽培植物であるから、生態系への影響は考える必要はない」「ケナフは雑草ではないから生態系に影響を与えない」などの反論があります。しかし、本文中で解説したとおり、帰化植物の大半は特定の場所や環境に進出し、地域の生態系に影響を与えています。また、雑草だけが生態系に影響を及ぼしているわけではありません。今のところ、帰化の可能性については情報不足で、あるともないとも言えません。したがって、現時点では、「帰化(野生化)する可能性が否定できない現状では……」という枕詞をつけ、注意を促すのが妥当です。今後、日本でも栽培しやすく、種子がよく採れる品種が開発されるようなことがあれば、充分な注意が必要です。

ケナフは、地域おこしグループや学校教育の中で、すでに多様な試みが行われているとおり、体験活動としてはたいへん利用価値が高い植物と考えます。多くの場合、活動の前に栽培が行われますが、栽培は畑や学校園で行うことが必須条件です。また、種子の配布については、その行き先、活用のされ方が見届けられない(責任が持てない)以上、自粛することが求められます。もし、配布する必要が出てきた場合には、「野生化し、地域の生態系に悪影響を及ぼす可能性があるので、畑以外では栽培しないこと」の但し書きをつける必要があります。

「ケナフ」や「ビオトープ」のように多様な体験学習ができる素材は、現在「総合的な学習」のもと、学校教育の中で熱望されています。しかし、野生生物を利用した自然体験学習を行うときには、ある一定の「ルール」が必要です。本書の中で、このルールを理解するときに必要な概念（キーワード）である「生物の多様性」「保全生態学」「外来種」「移入種」「放流問題」等について、できるだけわかりやすく解説しました（したつもりです）。

自然体験学習の「活動内容・方法」に関しては、多くの学校の実践をもとにマニュアル化されたものが広がりつつありますが、生き物を扱ううえでの「ルール」、特に野生生物を扱うときの「ルール」については、ほとんど理解されていないのが現状です。同様なことが、「地域おこし」や「地域の活性化」を考えている市民活動の中にもたくさんあります。コイやホタルなどの放流活動がその代表です。真の意味で生きた自然体験をするためには、自然の側に立ったものの見方・考え方を身につけ、自然に対する謙虚さが必要です。

広島ケナフの会の木崎秀樹代表は、二〇〇〇年にリニューアルされたホームページの冒頭で、「その運営はボランティアによるものが全てです。ボランティア活動は本来楽しいものであり、それをすることによって自分自身も成長していけるいわば自分おこしの取り組みであると考えています」と述べ、また「これからは現状と課題を踏まえた情報を発信していくことが必要であると考えています」と述べています。

本書は、このような「善意」の気持ちで、しかも手弁当で行ってきた活動を否定することを目的としていません。言葉は少々きつかったかもしれませんが、これまで手探りで行われてきた活動に対し、今までとは少し違った視点での情報を提供し、活動を支援することを目的としています。

「自然に優しい」と形容詞がつく活動の中に、「人間にとって心地よい」環境をつくることが生き物にとっても心地よい、と勘違いしているものが少なからずあります。これからは、人間の心のよりどころとなる自然体験が、自然の中で生きている生き物にとっても価値あるものになる必要があります。

最後になりましたが、九州大学理学研究院教授の矢原徹一先生には、たいへんお忙しい中、原稿をチェックしていただき、数多くの貴重なご指摘やご助言をいただきました。そのうえ、「推薦の言葉」までお寄せくださいましたこと、この場を借りまして厚く御礼申し上げます。環境教育や自然体験活動が実践を重んじる一方で、生物多様性保全の視点が抜け落ちていることが気がかりだった私は、こうした内容をきちんと、かつ嚙み砕いて伝えたいと思っていました。今回、保全生態学の第一人者でいらっしゃる矢原先生のご協力がいただけたことは何よりもありがたく、感謝の気持ちでいっぱいです。

また、今回この本を出版することになったきっかけは、大阪市立大学大学院生の畠佐代子さんと共著で書いた「ケナフが日本の生態系を破壊する?!」(『佐賀自然史研究』第六号、二〇〇〇年)が、地人書館編集部の塩坂比奈子さんの目に留まったことです。学校現場へのケナフの急激な広がりに対し、自然生態系の観点からケナフが困った植物になりそうだと思っていたときに、畠さんのホームページ「け・ke・ケ・KE・ケナフ?」に出会いました。「ケナフが日本の生態系を破壊する?!」は学校の教師を意識して、ケナフの問題点をできるだけコンパクトにまとめたものです。本書においても、畠さんのホームページの記事をたくさん参考にさせていただきました。改めて御礼申し上げます。

本書は、学校現場で現在試行されている「総合的な学習の時間」を構築するうえで、一般に広まっている情報とは違った切り口でケナフの情報を提供することを第一の目的にしていますので、一日でも早い出版を目指してきました。しかし、目標よりも半年遅れの発行になってしまいました。その間、地人書館編集部の塩坂比奈子さんには我慢強く待っていただいたうえ、本書の内容に対し多くの有益なアドバイスをいただきました。ありがとうございました。

本書を一人でも多くの人に読んでもらい、よりよい教育活動、よりよい市民活動が実践されることを願っています。

上赤博文

二〇〇一年九月

http://www.kenaf.ne.jp/, ケナフネット,

＊「ケナフが森を救う」は，ウソだ，いやホントだ（「通販生活」夏の特大号の記事全文紹介）

＊「ケナフで森を救えない」というのは本当ですか？　私たちはこう考えます(稲垣寛 ケナフ協議会会長の文章)

http://www.jpa.gr.jp/, 日本製紙連合会（「エコプラザ」の中に,「『ケナフが森を救う』というのは本当ですか？」の記事がある）

◎外来種・移入種（第５章）

http://homepage1.nifty.com/hiratatuyosi/index.html, 平田剛士さんのホームページ

http://www.nifty.ne.jp/forum/ffish/bass/, ブラックバス問題資料室

◎生物多様性・保全生態学（第６章）

http://www.ne.jp/asahi/iwana-club/smoc/bio-home.html, 生物多様性研究会

http://www03.u-page.so-net.ne.jp/td5/consecol/index.html, 保全生態学研究会

◎メダカ（第７章）

http://plaza12.mbn.or.jp/~suzuhiro/, 野生メダカのホームページ

http://www.ecoweb-jp.org/index2.html, エコロジカルウエッブ（「メダカネット」「身近ないきものたんけん」等の部屋がある）

◎ビオトープ・自然体験活動（第７章）

http://www.kyobun.co.jp/biotope/index.html, 子どもと自然のための教育ＮＰＯ(学校ビオトープネットワーク)

http://www.asahi-net.or.jp/~af8m-smgm/biotop/biotop.htm, 小金ビオトープ（千葉県立小金高校）

http://www.city.meguro.tokyo.jp/kankyo/kankyou1.htm, めぐろ自然館

『みんなでトライ！　ビオトープづくり』松井孝 監，金の星社，2001年

〈その他〉
『自然を守るとはどういうことか』守山弘，農文協人間選書，1988年
『日本の甲虫12　ゲンジボタル』大場信義，文一総合出版，1988年
『水辺の環境学　生きものとの共存』桜井善雄，新日本出版社，1991年
『続 水辺の環境学　再生への道をさぐる』桜井善雄，新日本出版社，1994年
『フィールドガイド　ウェットランドの自然』角野康郎・遊磨正秀，保育社，1995年
『フィールドガイド　人里の自然』芹沢俊介，保育社，1995年
『フィールドガイド　里山の自然』田端秀雄，保育社，1997年
『川と湖の博物館８　共生の自然学』森下郁子・森下依理子，山海堂，1997年
『自然環境とのつきあい方３　川とつきあう』小野有五，岩波書店，1997年
『水田を守るとはどういことか　生物相の視点から』守山弘，農文協人間選書，1997年
『水辺の環境学３　生きものの水辺』桜井善雄，新日本出版社，1998年
『現代日本生物誌２ホタルとサケ』遊磨正秀・生田和正，岩波書店，2000年
『「田んぼの学校」入学編』宇根豊，農文協，2000年
『メダカが消える日　自然の再生をめざして』小澤祥司，岩波書店，2000年
『「百姓仕事」が自然をつくる　2400年めの赤トンボ』宇根豊，築地書館，2001年

参考ホームページ

◎ケナフ（第１章～第４章）

http://www.shonan-inet.or.jp/~gef20/gef/6-7.html，ケナフ協議会の現状認識について，ケナフ協議会
http://www.kenaf.gr.jp/，広島ケナフの会
http://www.jbnet.or.jp/kenafu/，ＮＡＧＡＮＯケナフの会（ケナフ協議会ニュース82号（2000年２月17日）以降の記事が収録されている）
http://www.fes.miyazaki-u.ac.jp/HomePage/kyoudoupuro/hatuga.html，全国発芽マップ
http://www.ne.jp/asahi/doken/home/charoko/kenaf/index.htm，け･ke･ケ･KE･ケナフ？（畠佐代子）
http://www.iwanami.co.jp/kagaku/，雑誌「科学」メニューの「バックナンバー」から2000年６月号：ケナフは“植えてはいけない”？――安易な栽培への警鐘

『環境生態学序説』松田裕之，共立出版，2000年
『多様性の植物学１　植物の世界』岩槻邦男・加藤雅啓，東京大学出版会，2000年
『多様性の植物学２　植物の系統』岩槻邦男・加藤雅啓，東京大学出版会，2000年
『多様性の植物学３　植物の種』岩槻邦男・加藤雅啓，東京大学出版会，2000年
『農山漁村と生物多様性』宇田川武俊，家の光協会，2000年
『生態系を蘇らせる』鷲谷いづみ，ＮＨＫ出版，2001年

◎ビオトープ・自然体験活動（第７章）

〈ビオトープ〉

『生き物の新たな生息域，道と小川のビオトープづくり』千賀裕太郎・勝野武彦・岩隈利輝 監訳，集文社，1993年
『水辺ビオトープ』桜井善雄 監，信山社サイテック，1994年
『ビオトープ考』杉山恵一 他，ＩＮＡＸ出版，1995年
『ビオトープの形態学』杉山恵一，朝倉書店，1995年
『みんなでつくるビオトープ入門』杉山恵一，合同出版，1996年
『ビオトープ』桜井善雄，信山社サイテック，1997年
『ビオトープであそぼう』（全５巻）塩瀬治 編著，星の環会，1997年
『ビオトープの基礎知識』ブラープ，Ｊ．ヨーゼフ，日本生態系協会，1997年
『ビオトープネットワーク』日本生態系協会，ぎょうせい，1998年
『ビオトープネットワークⅡ』日本生態系協会，ぎょうせい，1998年
『学校ビオトープ事例集』阪神ビオトープフォーラム，トンボ出版，1999年
『学校ビオトープの展開』杉山恵一・赤尾整志 監，信山社サイテック，1999年
『ビオトープ教育入門』山田辰美 編著，農文協，1999年
『ビオトープの構造』杉山恵一・福留脩文，朝倉書店，1999年
『ビオトープみんなでつくる１　知識編』塩瀬治 編著，星の環会，1999年
『ビオトープみんなでつくる２　実践編』塩瀬治 編著，星の環会，1999年
『生き物をまもる（ビオトープ）』中川志郎，岩崎書店，2000年
『学校ビオトープ考え方・つくり方・使い方』日本生態系協会，講談社，2000年
『環境・ビオトープから考える自然』高野尚好，国土社，2000年
『動植物のすみか　ビオトープをつくろう』金子美智雄，ほるぷ出版，2000年
『学校ビオトープＱ＆Ａ』鳩貝太郎 監，東洋館出版社，2001年
『学校ビオトープってなんだ？』日本生態系保護協会，汐文社，2001年
『つくろう学校ビオトープ』日本生態系保護協会，汐文社，2001年
『広げよう学校ビオトープ』日本生態系保護協会，汐文社，2001年

参考文献

◎外来種・帰化生物・移入種（第５章）

『日本帰化植物圖鑑』長田武正，北隆館，1972年

『原色日本帰化植物図鑑』長田武正，保育社，1976年

『日本の植物区系』前川文夫，玉川大学出版部，1977年

『緑の侵入者たち――帰化植物のはなし』淺井康宏，朝日選書474，朝日新聞社，1993年

『帰化動物のはなし』中村一恵，技報堂出版，1994年

『日本の帰化生物』鷲谷いづみ・森本信生，保育社，1994年

『エイリアン・スピーシーズ――在来生態系を脅かす移入者たち――』平田剛士，緑風出版，1999年

『ブラックバスがメダカを食う』秋月岩魚，宝島社新書，1999年

『日本のタンポポとセイヨウタンポポ』小川潔，どうぶつ社，2001年

『日本帰化植物写真図鑑――plant invader 600種――』清水矩宏・森田弘彦・廣田伸七 編・著，全国農村教育協会，2001年

◎生物多様性・保全生態学（第６章）

『水辺の科学，湖・川・湿原から環境を考える』鈴木静夫，内田老鶴圃，1994年

『景観生態学』横山秀司，古今書院，1995年

『河川環境と水辺植物――植生の保全と管理――』奥田重俊・佐々木寧 編，ソフトサイエンス社，1996年

『生物界における共生と多様性』川那部浩哉，人文書院，1996年

『バイオディバーシティ・シリーズ１　生物の種多様性』岩槻邦男・馬渡峻輔 編，裳華房，1996年

『保全生態学入門――遺伝子から景観まで』鷲谷いづみ・矢原徹一，文一総合出版，1996年

『保全生物学』樋口広芳，東京大学出版会，1996年

『温暖化に追われる生き物たち』堂本暁子・岩槻邦男，築地書館，1997年

『岩波講座地球環境学５　生物多様性とその保全』井上民二・和田英太郎 編，岩波書店，1998年

『サクラソウの目――保全生態学とは何か』鷲谷いづみ，地人書館，1998年

『水田生態系における生物多様性』農林水産省農業環境技術研究所 編，養賢堂，1998年

『水辺環境の保全　生物群集の視点から』江崎保男・田中哲夫，朝倉書店，1998年

『生物保全の生態学』鷲谷いづみ，共立出版，1999年

『よみがえれアサザ咲く水辺～霞ヶ浦からの挑戦』鷲谷いづみ・飯島博，文一総合出版，1999年

参考文献

参考文献は2001年9月時点で入手可能な単行本や小冊子を紹介する.雑誌や研究論文は割愛するが，ケナフに関するものを一部紹介する.

◎ケナフ（第1章～第4章）

〈書籍〉

『夢、ケナフ』鶴留俊朗，南方新書，1998年

『インターネットがひらく総合的学習』中山迅・奥村高明・根井誠 編著,明治図書,1999年

『ケナフ育て方マニュアル：ケナフを育てよう』日本標準，日本標準 発行，1999年

『そだててあそぼう17　ケナフの絵本』千葉浩三 編・上野直大 絵，農文協，1999年

『ケナフ研究レポートNo.1　ケナフはどのように生態系にかかわっているか？』釜野徳明，ユニ出版，2000年

『ケナフ研究レポートNo.2　ケナフには熱帯林を救える力がある——驚くべきケナフの水耕栽培の収穫量——』釜野徳明，ユニ出版，2000年

『世界のケナフ紀行』勝井徹，創森社，2000年

『広島発ケナフ事典』木崎秀樹 編，創森社，2000年

『How to ケナフ　ケナフの創作マニュアル「広島発ケナフ事典」実践編』河畑南美子 編・著，ケナフネットワークジャパン・広島ケナフの会 発行，2000年

『地球にいいことしよう！　ケナフで環境を考える』釜野徳明・荒井進 共著，文芸社，2001年

『フィールドワークで総合学習　自然・環境体験シリーズ4　みんなでトライ！　ケナフ栽培』松井孝 監修，金の星社，2001年

〈雑誌〉

「アオイ科」大場秀章『週刊朝日百科 植物の世界』75号p.68～69，朝日新聞社,1995年

「紙の将来」寺澤一雄『週刊朝日百科 植物の世界』116号p.254～256,朝日新聞社,1996年

「ケナフが日本の生態系を破壊する？！」上赤博文・畠佐代子『佐賀自然史研究』第6号，佐賀自然史研究会，2000年

「ケナフ無薬品・無漂白のパルプのつくり方」釜野徳明，『食農教育』2000年秋(No.10) p.106～107，農文協，2000年

用語さくいん

＊「生物多様性」「保全生態学」「外来種」「移入種」「自然体験学習」に関するキーワードを中心に，解説文が記載されているページを示した．

生物名さくいん

＊解説文や写真・イラストが掲載されているものを取り上げた.

著者紹介

上赤博文（かみあか・ひろふみ）

1955年，佐賀県牛津町生まれ．

幼少の頃（小１まで）は，かかあ天下とからっ風の町，群馬県桐生市で生活する．

その後，佐賀市，牛津町に移り，そのため記憶の原風景には桐生と佐賀が混在する．

1979年，広島大学理学部生物学科（植物学専攻）卒業．

1988年，鳴門教育大学学校教育研究科（自然系理科）修了．

1979年４月に佐賀県で教職の道に入り（生物教諭），白石高校，佐賀西高校を経て，1997年４月より佐賀県教育センター研究員．

本業の教職のかたわら，佐賀県内の植物群落，植物相（フロラ）を調べ,特に佐賀平野のクリークの植物は10年近く調査している．また,県内のレッドデータ植物を調査することも多く，今日，保全生態学についての関心が最も高い．専門は，植物生態学(植生）と植物細胞遺伝学（染色体)．

【趣味】

旅行，写真．

【著書】

『日本列島・花 maps 九州・沖縄の花 part 2』（共著，北隆館，1994年）

『佐賀の自然をたずねて』（共著，築地書館，1995年）

『ふるさと佐賀の自然』（共著，佐賀県教育委員会，1997年）

【論文】

『水草研究会会誌』,『佐賀自然史研究』,『佐賀の植物』等に40点ほど報告．

【その他】

各種委員会委員，シンポジウムパネラー等．

ちょっと待ってケナフ！　これでいいのビオトープ？
よりよい総合的な学習、体験活動をめざして

2001年11月16日　初版第1刷
2005年6月25日　初版第4刷

著　者　上赤博文
発行者　上條　宰
発行所　株式会社　**地人書館**
〒162-0835　東京都新宿区中町15番地
電話　03-3235-4422
FAX　03-3235-8984
郵便振替　00160-6-1532
URL　http://www.chijinshokan.co.jp/
E-mail　chijinshokan@nifty.com

印刷所　平河工業社
製本所　イマヰ製本

ISBN4-8052-0693-4 C0045